KB144134

Coffee N Coffee

커피 N 커피

정정희·권태영·허정·김용식·김광우 공저
한국음료산업연구원 감수

백산출판사

머리말

　가정이나 직장에서, 큰 건물이나 길거리 노천카페에서 커피향은 우리나라 전역에 급속도로 퍼지고 있다. 커피는 특정인만 마실 수 있는 전유물이 아니라 누구나 손쉽게 즐길 수 있는 기호음료이며 문화이다. 차별화된 대규모 커피전문점을 포함하여, 소규모의 다양한 골목카페가 생겨나게 되었고, 그에 따른 커피추출, 로스팅, 커핑 등 다양한 분야의 전문인이 생겨나게 되었다. 이제 커피는 우리나라의 숭늉같이 우리 식문화에 깊숙이 자리 잡게 되었다.

　이러한 커피문화의 빠른 변화로 바리스타, 커피조리사가 생겨나고, 로스터, 커퍼 등 새로운 전문인들이 생겨났다. 이에 대한 넘치는 지식과 무분별한 창업 등으로 인하여 시회경제에 미치는 영향 또한 크다고 볼 수 있다. 따라서 트렌드에 맞는 체계적이고 전문적인 교육과 지식이 필요하며, 시대의 흐름을 바르게 판단하여 지도할 수 있는 전문인 양성이 시급한 과제가 되고 있다.

　바리스타, 즉 커피조리사는 '커피를 만드는 사람', '바 안에 있는 사람'이란 뜻 외에 '커피와 연관된 모든 일을 할 수 있는 사람'이어야 한다. 따라서 원두 분류와 로스팅, 커핑 등 커피의 전반적인 이해를 바탕으로 하여야 한다. 또한 세분화된 교육과 전문 지식을 습득하여, 소비자에게 최고의 서비스를 제공할 수 있어야 한다. 바리스타 즉 커피조리사가 되기 위해서는 많은 노력이 필요하다.

이 책은 14개 장과 부록으로 구성하였으며, 그 내용은 아래와 같다.

1장은 커피의 어원과 역사, 커피가 어떻게 우리나라에 전파되어 들어왔는지를 수록했고, 2장에서는 커피의 품종을 다루었다. 3장에서는 커피나무의 재배와 커피콩에 대하여 수록하였고, 4장에서는 커피나무의 수확과 가공 분류 및 포장에 대하여 수록해 놓았다. 5장에서는 로스팅 시 꼭 알아야 할 사항을, 6장에서는 커피의 등급과 분류를, 7장에서는 향미표현방법과 커핑에 대하여 수록해 놓았다. 또한 8장에서는 커피의 주요 성분에 대하여, 9장은 에스프레소 커피 추출과 다양한 커피 추출방법을, 10장에서는 다양한 커피기구와 기본적인 커피용어를 다루었고, 11장에서는 커피가 건강에 미치는 영향을, 12장과 13장에서는 다양한 커피음료와 다른 나라의 커피문화에 대하여 다루었다. 마지막으로 14장에서는 기본적인 커피메뉴의 레시피를 이해하기 쉽게 수록해 놓았으며, 부록으로 시험을 대비한 예상문제를 첨가하였다.

본서가 커피를 배우고자 하는 사회초년생을 비롯하여 조리를 전공하는 학생들뿐만 아니라, 커피를 사랑하는 모든 이에게 작은 지침이 되었으면 하는 바람이며, 한국의 전통 차문화와 함께 균형 있는 발전을 이루었으면 하는 바람 간절하다.

끝으로 이 책이 개정판으로 나오기까지 많은 도움을 주신 한국음료산업연구원(BISK) 손영호 위원장님을 비롯하여, 함께하여 주신 권태영 교수님과 허정 교수님, 김용식 교수님, 김광우 교수님께 감사함을 전하며, 출판을 위해 도와주신 백산출판사 진욱상 사장님과 편집부 관계자 여러분께 깊이 감사드린다.

차례

CHAPTER 1

커피

커피나무는 꼭두서니과(Rubiaceae)에 속하는
쌍떡잎식물이다. 커피의 품종은 식물학적으로
60여 가지가 있으며, 크게 아라비카(Arabica),
로부스타(Robusta), 리베리카(Liberica)의 3품종
으로 나뉜다. 아라비카(Arabica)종은 전 세계 산
출량의 약 70%를 차지하고 있으며, 로부스타
(Robusta)종은 약 30% 정도를 차지하고 있다.
이에 비해 리베리카(Liberica)종은 약 1% 정도에
그친다.

커피나무의 Coffea는 아라비아 이름인 coffa, caffa로부터 전해졌으며, '힘' 즉
'활력'이라는 뜻으로 흥분작용이 있다는 것을 뜻한다.

01 커피의 전래

커피가 처음 문헌에 나타난 것은 페르시아의 의사 라제스의 저서이다. 그는
페르시아, 이집트, 인도, 유럽의 의학을 종합한 서적인 『의학집성』에서 에티오

피아 및 예멘에 자생하는 번(bun)과 그 추출액 번컴(bunchum)을 의학의 재료로써 서술하고 있으며 엘리스가 저술한『커피의 역사적 고찰』에서는 15세기의 니에하벤딩이 쓴 아라비아어의 고문서를 인용해서 커피가 아비시니아에서 예전부터 식용으로 공급되었다고 서술하고 있다.

16세기 중반 무렵부터 지중해의 레바토 지방을 여행한 유럽인의 여행기에서 현지 사람들이 태운 번(bun)에서 제조한 '카와'라 불리는 검은 액체를 식용으로 하는 것이 소개되어 유럽인들에게 커피가 알려지게 되었다.

참고로 리글레이라는 아라비아인이 그의 책『커피』에서 14~17세기 사이의 커피에 관해서 아라비아어로 적혀진 몇몇 고문서를 번역하여 소개하고 있는데 이에 따르면 커피의 음용은 예멘에서 14세기에 소개했고, 15세기에는 아라비아의 이슬람사원으로 전해졌다가 16세기에는 이집트에 건네졌다고 기록하고 있다.

02 커피에 대한 전설

커피의 발견은 아프리카의 아비시니아(Abyssinia) 지역, 지금의 에티오피아(Ethiopia)에서 시작되었다는 설이 가장 유력하다. 이 지방에서 야생으로 자라난 '커피'라는 식물이 발견되었고 그 후에 재배가 시작되었다고 설명하고 있다. 역사적으로 근거가 있는 가장 오래된 커피 음용의 증거는 15세기 중반 아라비아 남단의 예멘에 거주했던 이슬람교도의 한 종파인 수피 교도들에게서 나타난다. 즉, 이슬람신도에서 시작된 소비는 아프리카 대륙과 중동 지역을 거쳐 이탈리아로 전파되며, 대부분의 유럽 대륙과 인도네시아, 아메리카, 아시아로 전해졌다.

커피의 발견은 여러 가지 가설이 전해지고 있는데, 그 중 목동 칼디의 전설,

마호메트와 가브리엘, 오마르와 공주의 이야기는 정확한 역사적 근거는 없지만 널리 알려져 있으며, 커피의 발견을 설명하고 있다. 기록이 남아 있는 커피의 기원과 관련된 것으로는 이슬람교의 한 계파인 수피교 율법사 셰이크 게말레딘의 이야기로 커피의 각성효과를 나타내고 있다. 와인이 기독교와 기독교 문화를 규정짓는 음료라면 커피는 이슬람교를 설명하고 특징짓는 음료라 할 수 있다. 이슬람교는 종교적 수행을 위하여 알코올을 금하기 때문에 알코올이 없고, 정신적 각성의 효과까지 있는 커피를 즐겨 마셨다. 처음에는 종교적 수행의 목적에 의한 음료로서 애

용되다가 전체 이슬람 사회를 통해 널리 퍼져나가게 되었다.

_ 칼디(Kaldi) 이야기

약 9세기경 목동인 칼디는 에티오피아 아비시니아(Abyssinia) 지역에서 자신의 염소들에게 풀을 뜯기고, 가축을 치고 있었다. 어느날엔가 그는 근처 숲에서 체리처럼 생긴 빨간 열매를 따 먹은 후 흥분해서 뛰어다니는 염소의 모습을 보고 본인이 그 열매를 먹어보았다. 신기하게도 피로감이 사라지고 새로운 힘이 솟는 것을 느낀 칼디는 매일 그 열매를 따서 먹게 되었다. 그의 활발한 모습은 근처 수도원 수도사의 눈에 띄게 되었고, 직접 열매를 먹어본 수도사도 그 효과를 알게 되었다. 이후 기도와 수행을 장시간 해야 하는 수도사들에게 열매를 물에 끓여 마시게 하였다. 그 후 이 열매로 만든 음료에 대한 이야기는 근방에 있는 모든 수도원으로 빠르게 전파되었다.

_ 오마르(Omar)와 공주(Princess)의 전설

약 1258년경 샤델리(Schadheli)의 제자인 셰이크(이슬람 교주) 오마르는 스승의 인도로 모카에 정착하였으나 그 당시의 모카는 전염병이 창궐(猖獗)하였다. 그 무렵 모카의 공주 또한 병에 걸려 오마르가 치료하게 되었는데 치료 중 오마르와 사랑에 빠졌다고 한다. 왕의 노여움을 산 오마르는 아라비아의 사막, 오자부(Ousab) 산으로 추방되었다. 굶주림에 죽어가던 오마르는 오자부(Ousab) 산에서 커피열매를 발견하고 커피로 연명하였다. 기적처럼 모카로 살아 돌아온 오마르는 커피의 효능을 널리 알리며, 병든 자를 치료하였고 공주와 결혼에 성공하게 되었다고 한다.

• 창궐(猖獗) : 못된 세력이나 전염병 따위가 세차게 일어나 걷잡을 수 없이 퍼짐

_ 마호메트(Mohammed)와 천사 가브리엘(Angel Gabriel)의 전설

선지자 마호메트의 꿈에 천사 가브리엘이 나타나 커피를 직접 보여주고 커피 음용법을 알려주었다는 이야기이다. 어느 날 천사 가브리엘이 병에 걸린 선지자 마호메트의 꿈에 나타나 커피 열매를 보여주며 끓여먹는 방법을 보여주었으며, 이 커피로 병을 치료하고 신도들의 기도생활에 도움이 될 것이라는 예언을 하였다고 한다. 이슬람교가 처음 아라비아 반도에서 퍼져나간 시기와 커피가 같은 지역에 알려지기 시작한 것이 비슷한 시기로 추정된다는 것을 생각하면 커피가 이슬람교에서 중요한 역할을 수행하였다는 것을 알 수 있다.

_ 셰이크 게말레딘(Sheik Gemaleddin)

1454년 다반(Dhabhan) 출신의 이슬람교 율법학자인 셰이크 게말레딘은 아프리카의 에티오피아 여행 중에 커피를 마시게 되면서 커피의 효능을 알게 되었다. 그는 아덴(Aden)(현재의 예멘)으로 돌아온 후 과로로 인하여 건강이 악화되자 아프리카에서 마신 커피를 구해 마신 후 병이 치료되었을 뿐 아니라 활력도 찾고, 밤잠을 쫓아내어 수행에 도움이 됨을 알게 되었다. 그 후 수도사들에게 커피를 권하여 야간 수행에 집중할 수 있도록 하였다는 기록이 있다.

여러 가지 전설에서 나타나는 중요한 핵심은 아랍인, 특히 이슬람 교도들은 커피의 약리효과를 인지하고 있었다고 볼 수 있다. 그래서 커피는 '이슬람의 와인'이라고 불렸으며, 포도주는 로마 문화로 대표되는 기독교의 음료라고 할 수 있다. 이슬람 문화에서의 커피는 약리적인 기능뿐만 아니라, 음료로서의 기능도 무시할 수 없었다.

03 커피의 어원

커피는 프랑스에서는 '카페', 미국에서는 '커피', 일본에서는 '고히'라고 불린다. 그렇다면 카페나 커피가 나올 수 있었던 그 어원은 과연 무엇일까?

아라비아에서는 커피를 '쩌서 만든 음료'란 뜻으로 '카와'라고 불렀지만 프랑스로 넘어와서는 '카페'라고 불리게 되었다. 그리고 16세기경 유럽으로 전파되면서 그 발음이 유럽풍으로 바뀌게 되어 영국과 프랑스에서 사용하는 호칭을 중심으로 세계적인 언어가 되었다.

현재 커피를 나타내는 각국의 언어 가운데 사용되고 있는 커피의 어원은 '카와'이며 그것이 일반화된 것에 대해서는 두 가지의 설이 있다.

첫 번째는 아라비아에는 원래 '카와'라고 하는 일종의 술이 있었는데, 커피가 마시면 사람을 흥분시키고 심신을 활력있게 해주는 효능이 있어 '카와'라는 술을 마실 때의 작용과 비슷하다는 점에서 언제부터인가 사람들 사이에서 커피를 '카와'로 부르게 되었다고 하는 설이다.

두 번째는 커피의 원산지인 '에티오피아 카파'라고 하는 지명이 있었으며, 그것이 커피의 원래 지명으로써 아라비아에서는 '카와'라고 부르게 되었다고 하는 설이다.

현재는 첫 번째 설이 맞다고 여기는 사람들이 많다.

⚫ _ 각국의 커피에 대한 명칭

국 가	명 칭	국 가	명 칭
프랑스	Café	미국, 영국	Coffee
이탈리아	Caffé	핀란드	Kahvi
독일	Kaffee	터키	Kahve
네덜란드	Koffie	세르비아	Kafa
노르웨이	Kffe	아이슬란드	Kaffi

04 커피의 의미

커피란 커피나무 열매의 씨를 볶아서 만든 원두를 원료로 한 독특한 맛과 향을 지닌 기호음료이다.

커피라는 용어는 커피나무의 열매, 씨앗, 그 씨앗의 박피, 건조한 생두, 생두를 볶은 커피원두, 커피원두를 분쇄한 커피가루, 커피가루를 추출한 커피 모두 '커피'라는 용어를 사용한다. 열매부터 커피음료까지를 총체적으로 커피라 일컫는다.

상 태	명 칭
커피나무의 열매	커피열매 : 커피 체리(Coffee Cherry)
커피나무 열매의 씨앗	파치먼트(Pachiment)
씨앗의 박피, 건조한 것	Green Coffee Bean
Green Coffee Bean을 볶은 것	Specialty Coffee : Whole Bean, Roasted Coffee Bean
Specialty Coffee를 분쇄한 것	분쇄커피 : Ground Coffee, 분말커피, 커피가루
분쇄한 커피를 물로 추출한 음료	Coffee

05 커피의 역사

　커피나무의 원산지로는 에티오피아를 정설로 받아들이고 있으나 오늘날처럼 마시는 음료로 발전하기 시작한 곳은 아라비아 지역이다. 역사적 기록에 따르면, 1000년경부터 사람들은 이미 커피를 볶아서 삶은 물을 마시고 있었다. 즉, 에티오피아를 발원점으로 홍해를 건너 아라비아 지역에 뿌리를 내리고 서서히 그 향을 주변 나라로 퍼뜨리게 되었다. 그리고 중앙아시아의 터키에 이르러 음료로서 자리 잡게 된 것이다.

　터키에서 유럽대륙으로 퍼져 나간 커피는 비약적인 발전을 이루게 된다. 최초의 커피숍이 생겨난 곳은 13세기경 아라비아의 성지 메카라고 알려지고 있다. 그만큼 커피는 중동 지역의 이슬람을 통하여 점차 세계로 전파되어 나갔다고 할 수 있다. 1554년 콘스탄티노플에 '카페 카네스'라는 다방이 생겨 상인과 외교관들의 사교장으로 인기가 대단했을 뿐만 아니라 커피가 유럽으로 넘어가는 건널목 역할을 했다.

　1605년 커피를 못마땅하게 여긴 기독교 측에서는 커피가 중동 지역, 즉 이슬람에서 발달한 것을 기회로 사탄의 음료라 칭하며 커피를 금지하도록 하였으나, 커피의 전파를 저지하지 못하였다. 이에 교황은 기독교도의 음료로 만들기 위하여 커피에 세례를 주고 악마의 콧대를 꺾어 주라는 기도를 하였다. 이리하여 악마의 시비를 중지시켰으며, 본격적인 커피 발전이 될 수 있는 기틀을 마련하였다.

　현재 세계 최대의 커피 생산국인 남미 브라질에 커피가 전해진 것은 1727년경이다. 그 당시, 브라질에서 파견된 젊은 관료와 사랑에 빠진 프랑스령 기아나 총독 부인이 있었는데, 두 사람이 헤어질 때 총독부인이 젊은 관료에게 꽃다발을 보냈다고 한다. 그 꽃다발 속에는 묘목과 씨앗이 숨겨져 있었다. 이것이 시초가 되어 브라질에서 커피 재배는 은밀하게 시작되었으며, 이후 주변 남미 국가로 퍼지게 된 것이다.

06 커피의 전파

활발하게 전파된 커피 품종은 아라비카종이다. 에티오피아 고원 부근에서 서식하던 아라비카종은 예멘에 옮겨 심어지면서 이슬람 문화의 발전과 더불어 널리 음용되기 시작하였다. 그 당시 커피나무의 재배 및 증식 기술이 국외로 흘러나가지 못하도록 엄중하게 관리되었지만 유럽으로 묘목이 이동하면서 상업적으로 유용한 식물로 인정받았다. 이내 커피나무는 네덜란드, 프랑스, 영국 등과 그들의 식민지에도 옮겨지면서 재배, 발전하게 되었다.

에티오피아에서 예멘으로

커피의 음용이나 커피나무에 관련된 증거는 15세기 중반에 최초로 예멘 모카 지방의 수피교도들 사이에서 발견되었다고 한다. 초기에는 수피교도(이슬람 신비주의)들 사이에서 밤기도 시간의 졸음 방지의 목적으로 커피를 마시기 시작했다고 한다. 또 일상적인 음료로서보다 주로 의약품으로 인정받았다고 한다. 아리바아의 의사 라제스(Rhazes)는 커피를 번컴(bunchum)이라 하여 커피의 약리효과를 기록하였고 철학자이자 의사인 아비센나(Avicenna)도 번컴을 언급하며 '사지를 튼튼하게 하고 피부를 맑게 하며 피부의 습기를 없애주고 온 몸에서 좋은 향기가 나게 한다'라고 기록하였다.

에티오피아에서의 커피는 이슬람 순례자들과 아랍 무역상인들에 의해 아라비아 반도에 상륙하였으며, 예멘의 북서부 산악지역에서 커피나무가 재배되며 커피 음용이 확산되어갔다. 16세기 중반에 이르러 오스만투르크가 남부 아라비아까지 지배하게 되면서부터는 성도 메카와 메디나까지 퍼져나갔다. 그리고 이슬람교 성직자들은 매주 월요일과 금요일 저녁 예배시간이 되면 커피를 마시는 습관이 생겼으며, 곧 일반 신도들 사이에까지 퍼지게 되었다. 예맨인들은 커피를 '키쉬르(Kisher)' 라 불렀으나, 아라비아인들은 '카와(Qahwah)'라고 부르며 그들의 생활문화로 끌어들이기 시작하였다. 그 후 현재의 이란 지역인 페르시아를 거쳐 이집트로 전파되었다.

커피콩의 원산지는 에티오피아로 알려져 있지만 커피를 음료로 개발해 마시기 시작한 것은 1400년 무렵 커피나무 재배에 성공하기 시작한 예맨의 모카에서였다. 1500년경이 되어 아라비아 반도 어디에서나 커피를 마실 수 있게 되었고, 이슬람 신도들은 커피를 종교의식에 사용하였으며 메카 순례를 왔던 순례자들이 커피를 가져가게 되면서 인도, 인도네시아 등지로 퍼지게 되었다.

이후, 커피나무의 재배가 아라비아 전 지역으로 확대되었으며 예맨의 모카 항을 통해서 그 당시 최강국인 오스만트루크제국(지금의 터키)으로 수출되었다. 예맨은 커피의 상품가치를 인식하고 수출을 독점하기 위하여 커피나무 또는 커피 종자의 반출을 금하였다. 즉, 볶은 원두나 뜨거운 물에 담가 발아할 수 없는 상태로만 수출이 가능하게 하였다.

1600년경 인도 남부 출신의 바바 부단이라는 이슬람 승려는 메카에 성지순례를 왔다가 커피콩을 가져가 인도의 마이소어(Masore)의 산간지역에 재배하게 되었다. 그 후 1616년에 네덜란드인이 모카(Mocha)에서 커피 모(과육이 있는 상태로 말린 커피콩)를 훔쳐 자기들의 식민지인 실론(Ceylon)과 자바(Java)에 심어 묘목을 만들고 그것을 이식하여 재배를 시작하였고, 그곳에서 수확한 커피의 수출로 한동안 커피 재배의 주류를 이루게 된다. 또한 수마트라, 셀레브스, 티모르, 발리 등 당시 네덜란드의 다른 식민지에도 커피 재배가 소개되었다.

프랑스의 커피 재배는 많은 노력을 기울였으나 계속 실패를 거듭하게 되는데, 마침내 1714년 네덜란드 암스테르담 시장과 당시의 프랑스 왕인 루이 14세와의 조약에 의하여 커피나무 한 그루가 프랑스에 전해지면서 파리의 식물원에서 자라게 된다. 이 나무가 대부분의 남아메리카, 중앙아메리카, 멕시코 등 프랑스 식민지령에서 커피 재배의 원조가 되었다고 볼 수 있다. 또한 클리외라는 해군은 프랑스령 식민지인 마르티니크(카리브해 서인도제도의 섬)에 복무 중 파리에서 커피나무를 빼내오게 된다. 그는 1723년 프랑스의 낭트를 출발하여 마르티니크로 항해하여 물의 부족에도 불구하고 자신의 식수를 커피나무에 나누어 주는 등 여러 가지 어려움을 극복하고 마르티니크에 도착하여 커피를 재배하게 된다. 1777년 1,900만여 그루의 커피나무가 마르티니크 섬에서 자랄 정도가 되어 후일 프랑스를 커피 수출국의 주류로 올려놓는 계기가 되었다.

남아메리카, 중앙아메리카로의 전파

네덜란드, 프랑스, 영국, 포르투갈 등 유럽 강대국들의 아메리카 대륙에서의 식민지 운영과 영토 확장은 커피 재배의 확산을 불러왔다. 네덜란드는 1718년 수리남에 커피를 재배하기 시작하였고, 프랑스는 1723년 프랑스령 가나에서 들여온 커피를 브라질, 파라(parà) 지역에서 시도하였다는 기록이 있으며, 1730년 영국은 자메이카에서 커피 재배를 시작하였다. 1750~1760년경에는 과테말라에 커피나무가 전파되었고, 1752년 포르투갈은 식민지인 브라질 파라에서 왕성한 커피 재배를 시작하게 되었으며, 1790년에는 멕시코에서도 커피 재배가 시작되었다.

07 나라별 커피의 전래

_ 아랍

아랍의 커피가 처음에 유럽에 소개되었을 때는 만병통치약으로 소개되었다. 유럽인들은 나중에야 비로소 아랍인들이 약효가 아닌 향 때문에 커피를 즐긴다는 것을 알게 되었다. 그 후로 유럽인들은 커피를 마시기 좋은 형태로 발전시켰는데 아랍인들은 그들의 커피를 지키기 위해 종자의 반출을 막았으며, 열매를 끓이거나 볶아서 유럽행 배에 선적하였다.

_ 네덜란드

1616년 네덜란드의 한 상인이 인도의 순례자로부터 원두를 입수해 그것을 유럽으로 밀반출하였다. 이후 70년 동안 네덜란드는 인도네시아의 플랜테이션

(Plantation)에서 커피를 재배하였고 커피는 네덜란드의 가장 인기 있는 음료가 되었다.

_ 프랑스

프랑스에 커피나무가 전래된 것은 1713년 암스텔담 시장이 루이 14세에게 커피나무를 선물한 때였다고 전해진다. 그러나 프랑스가 본격적으로 커피를 재배할 수 있었던 것은 노르망디 출신의 젊은 군인 클리외의 열정적인 애국심 덕분이었다. 루이 14세의 정원에서 커피 묘목을 구한 그는 아메리카 식민지의 한 곳인 마르티니크 섬에 옮겨 심는데 성공하였다. 이곳에서 무성하게 자란 커피나무는 프랑스령 기아나로 옮겨져 번성하게 되었으며, 이는 프랑스를 커피 생산국 및 수출국으로 만드는 계기가 되었다.

_ 브라질

1727년 커피가 재배되고 있던 기아나에 프랑스와 네덜란드 식민지 분계선 분쟁을 중재하기 위해 브라질에서 젊은 관료가 파견되었다. 그는 이 분쟁을 가라앉혔을 뿐만 아니라 프랑스령 총독 부인과 사랑하게 되었는데 헤어지면서 그녀로부터 묘목과 씨앗이 숨겨진 꽃다발을 받게 되었다. 젊은 관료가 가져온 묘목과 씨앗을 심으면서 브라질의 커피가 시작되었다고 한다. 토양과 기후가 커피 재배에 아주 적합하여 곧 세계 최대의 커피 생산국으로 발전하였다.

08 우리나라의 커피 역사

'커피'는 영문식 표기 coffee를 차용한 외래어이다. 커피가 한국에 처음 알려질 당시에는 영문표기를 가차(假借)하여 '가배'라고 하거나 빛깔과 맛이 탕약과 같이 검고 쓰다고 하여 서양에서 들어온 탕이라는 뜻으로 '양탕국'으로 불렀다. 한국전쟁이 발발하고 미군이 주둔하면서 1회용 인스턴트 커피가 등장하였고 이것이 시장에 유출되면서 우리나라에서도 커피가 일반화되기 시작하였다. 그 후 2000년대까지도 커피 소비시장의 90%를 인스턴트커피가 차지했지만 다국적 커피기업의 진출로 현재 국내 에스프레소 커피시장의 규모가 약 6,000억 원을 넘어섰다. 커피를 찾는 소비자들도 에스프레소커피 등 프리미엄 커피를 점차적으로 선호하고 대기업의 Specialty Coffee 프랜차이즈 사업 시작과 더불어 커피시장은 매우 빠르게 성장하고 있다.

• 가차(假借) : 어떤 뜻을 나타내는 한자가 없을 때, 그 단어의 발음에 부합하는 다른 문자를 본래의 뜻과는 관계없이 빌려 쓰는 방법

한국 커피의 시작

우리나라에 처음 커피가 들어온 시기는 1890년 전후로 알려져 있다. 커피의 전파 경로에 대한 의견은 다양하다.

1888년 인천에 우리나라 최초의 호텔인 대불호텔의 다방에서 커피가 시작되었다는 추정이 있으며 1895년 발간된 유길준의 『서유견문』에는 커피가 1890년경 중국을 통하여 도입되었다는 기록이 있다.

또한 1892년 구미제국들과 수호조약이 체결되면서 외국의 사신들이 궁중에 드나들며 궁중과 친밀했던 알렌이나 왕비 전속 여의였던 '호튼' 등이 궁중에 전했을 가능성도 있다.

공식문헌상의 최초 기록으로는 1895년 을미사변으로 고종 황제가 러시아

공사관에 피신해 있을 때 러시아 공사 베베르가 커피를 권했다고 전해져 온다. 러시아 공사관에서 커피를 즐기게 된 고종 황제는 환궁 후에도 덕수궁에 '정관헌'이라는 로마네스크식 회랑건축물을 지어 그곳에서 커피를 마시곤 했다고 전한다.

그 무렵 러시아 공사 베베르의 추천으로 고종의 커피 시중을 들던 독일계 러시아 여인 손탁(Antoinette Sonntag)은 옛 이화여고 본관이 들어서 있던 서울 중구 정동 29번지의 왕실 소유 땅 184평을 하사 받아 이곳에 2층 양옥을 짓고 손탁호텔이라 명명하였다. 이 손탁호텔에 커피하우스(다방)가 있었는데 이것이 한국 최초의 커피하우스라 할 수 있다. 고종이 커피를 즐겨 마시게 되자 커피는 단지 왕실에서의 기호품으로만 그치지 않고 중앙의 관료, 서울의 양반, 지방의 양반으로 점차 확대되어 일반화되기 시작하였다.

러시아를 통해서 커피가 들어온 것과 함께 일본을 통해 들어온 경로도 중요한 전파 경로이다. 을사조약 이후 넘어온 일본인들은 그들의 양식 찻집인 깃사텐(찻집을 뜻하는 일본어)을 서울 명동에 차려놓고 커피를 팔기 시작했다고 한다.

_ 커피의 발전

일제 강점기에는 일본인들이 명동, 종로 등지에 근대적 의미의 다방 문을 열기 시작했는데, 초기에는 주로 일본인이 주 고객이었으나 점차 그 시대의 지식인들과 문학가, 작가, 예술가들이 폭넓게 드나들었다고 한다. 1940년대 이후 제2차 세계대전의 종언 무렵엔 커피 수입이 어려워지면서 대부분의 다방이 문을 닫았다. 이미 커피 애호가가 되어버린 사람들은 고구마나 백합 뿌리, 대두 등을 볶아 사카린을 첨가하여 만든 음료를 마시며 커피의 금단현상을 달래곤 했다고 한다. 1945년 해방과 함께 미군의 주둔이 시작되면서 군용식량에 포함되어 있던 인스턴트커피는 우리나라 커피문화 발전의 촉매제가 되었다.

_ 커피의 대중화

인스턴트커피의 대중화를 가져오게 된 또 하나의 계기는 다방(茶房)의 급격한 증가였다. 과거 일제시대의 지식인 계층이 주로 출입하며 정치와 사회를 논

하던 장소에서 일반시민, 대학생 등의 주요 약속장소가 되었고 제공되는 커피는 대부분 미군부대에서 제공되고 있었다. 그 후 커피의 합법적인 유통질서를 확립하고 외화 낭비를 막기 위하여 우리나라 자체의 인스턴트커피에 대한 생산을 허가하게 되었다.

1970년대 초 동서식품은 미국회사와 손을 잡고 맥스웰하우스라는 브랜드를 만들고 커

피를 생산하였으며 1970년대 후반까지 한국 커피시장의 대부분을 점유하며 호황을 누렸다.

그 후 1976년 커피믹스의 개발, 자판기의 등장 등은 한국사회에서 커피의 폭발적인 대중화를 이끌었다. 커피를 마시는 대중의 취향이 1980년대부터는 점차 고급화를 추구하게 되었으며 동서식품은 고급 인스턴트커피인 맥심을 개발하였고 카페인을 제거한 디카페인 인스턴트커피인 상카를 제조하여 판매하기 시작하였다.

1980년대 후반부터 원두커피 전문점이 등장하였는데, 압구정동의 '쟈뎅(Jardin)'이 시초였다. 그 후 '도토루', '미스터커피' 등 카페 형태의 커피전문점이 다방을 대체하기 시작하였다. 또한 인스턴트커피시장에도 두산그룹과 합작한 네슬레의 등장으로 맥심커피와 초이스커피로 크게 양분화되었으며, 특정의 커피 애호가들은 인스턴트커피에서 원두커피로 선호도가 옮겨가게 되면서 원두의 품질이 중요한 커피 소비의 기준이 되었고, 스타벅스의 출현을 계기로 커피

전문점의 시대가 열리게 되었다.

1999년 (주)스타벅스가 국내에 진출하여 이화여대 앞에 1호점을 연 것을 기점으로 국내 에스프레소 커피전문점의 시장 규모는 약 6,000억 원대로 확대되었으며, 현재 각종 프랜차이즈(franchise) 가맹점에 키오스크(KIOSK) 복합점까지 약 5,000곳 이상이 성업 중이다. 스타벅스, 커피빈과 같은 외국계와 파스쿠치, 엔제리너스, 할리스, 이디야 등의 국내 업체들이 치열한 경쟁을 벌이고 있다.

_ 커피의 현대화

2010년 이후의 국내 커피시장 규모는 이미 2조 원을 넘어선 것으로 추정되며 이 가운데 커피믹스는 1조 1,000억 원, 커피전문점은 6,000억 원 규모이고 나머지는 원두커피 완제품과 기계 및 원부자재 시장인 것으로 파악된다.

최근 국내 커피시장의 급격한 성장과 함께 소비자들의 원두커피에 대한 안목도 매우 높아져 고급 원두커피를 찾는 수요가 확대되고 있다. 이에 발맞추어 국내 커피업체의 고급화, 프리미엄화뿐 아니라 스위스, 이탈리아 등 해외 유명

커피 브랜드도 국내 커피시장에 진출하고 있다.

최근의 새로운 현상은 간편하게 에스프레소 커피를 즐길 수 있는 캡슐커피 머신의 등장이다. 스위스의 글로벌 식품기업인 네슬레 자회사인 네스프레소는 2007년 캡슐커피와 커피머신 제품을 국내에 도입한 후 매년 매출이 약 45% 이상 성장하고 있다고 한다. 2009년 말 이탈리아 캡슐커피전문점으로 시장에 진출한 '카페 이탈리코'도 있으며, 현재 국내의 네스프레소시장은 빠르게 확산중이다.

커피에 대한 소비자의 긍정적인 인식의 변화도 커피 발전의 산물이다. 방송과 신문 등 언론 매체를 통한 커피의 효능이 소개되면서 커피믹스 제품 중에서도 커피만으로 이루어진 블랙커피믹스 등이 다양하게 개발되고 있다.

커피의 품종

Chapter 2 커피의 품종

_국제커피협회에 의한 분류

품 종		생산지
아라비카(Arabica)	마일드(Mild)	콜롬비아, 탄자니아, 코스타리카 등
	브라질(Brazilian)	브라질, 에티오피아 등
로부스타(Robusta)		인도네시아, 베트남 등

01 코페아 아라비카(Coffea Arabica)

최초의 아라비카(Arabica) 원종은 에티오피아 서쪽의 카파(kaffa) 지역에서 발견되었다. 아라비카(Arabica)종은 고온다습한 환경에 약해 비교적 해발고도

가 높고 서늘한 지역에서 재배되고 있다. 또한 비옥하고 배수가 좋은 토양에서 잘 자란다. 아라비카(Arabica)종은 적은 양의 카페인을 함유하고 있으며 미묘하고 호감이 가는 풍미를 지닌 복합적인 맛의 특징을 지니고 고품질의 커피로 제공되

고 있다. 아라비카(Arabica)의 주요 품종은 타이피카(Typica), 버번(Bourbon), 카투라(Catura)이며, 자연변이나 교배에 의해 생긴 많은 품종이 있다.

👁 _ 코페아 아라비카(Coffea Arabica)종의 특징

- 고지대에서 재배하기에 적합하다.
- 잎곰팡이병이나 탄저병 등 병충해에 약하다.
- 산미와 풍미가 좋으며 스트레이트로 마시기에 적합하다.
- 재배지 : 브라질, 콜롬비아, 중앙아메리카, 동아프리카 등

_ 타이피카(Typica)

예멘 지역에서 네덜란드인들에 의해 전파되어 카리브 해의 마르티크 섬에 옮겨진 것으로 추정된다. 세계에서 널리 재배되고 있어 많은 교배종이 생겨나고 있다. 질병과 해충에 취약하고 비교적 수확량이 적다. 나뭇잎의 끝부분이 구릿빛을 띠는 특징이 있으며, 생두의 모양은 가늘고 끝이 뾰족한 타원형이다.

_ 버번(Bourbon)

에티오피아에서 아프리카의 버번 섬에 전해진 커피나무가 기원인 품종이다. 타이피카(Typica)와 함께 2대 재배품종으로 알려져 있다. 버번(Bourbon)종은 고도 1,100~2,000m에서 가장 잘 자라며, 나뭇잎의 모양이 다른 종에 비해 넓은 편이다. 타이피카(Typica)종에 비해 30% 정도 많은 생산량을 보인다. 열매는 빨리 익지만, 비나 바람에 의해 쉽게 떨어져 관리가 어렵다. 생두는 작고 둥근 직사각형의 형태이며 센터 컷은 S자형으로 단단한 편이다.

_ 카투라(Catura)

브라질에서 발견된 버번(Bourbon)의 돌연변이종으로 질병과 풍해에 강하

게 개량되었지만 좋은 품질과 높은 생산량을 위해서는 세심한 관리를 필요로 한다. 평가로 인정 받은 중미 커피 생산국의 주요 품종이다. 생두는 버번(Bourbon)과 닮았지만, 한쪽 끝이 조금 튀어나와 삼각형에 가까운 형태를 하고 있으며, 크기는 작고 단단하다.

_ 블루마운틴(Blue Mountain)

자메이카에서 가장 많이 나는 특별한 블루마운틴(Blue Mountain)종으로 정확한 유래는 알 수 없지만 타이피카(Typica)에 가깝다. 기다란 모양의 생두로 엄청난 풍미를 지닌 이 종은 훌륭한 질병 저항력으로도 잘 알려져 있지만 다른 산지에서는 잘 자라지 못한다. 블루마운틴(Blue Mountain)은 고도 1,500m 위에서 가장 잘 자란다.

_ 카티모르(Catimor)

1950년 포르투갈에서 아라비카(Arabica)와 로부스타(Robusta)의 혼종으로 개량되었다. 녹병에 강하고 빠르게 자라며 높은 고도보다 중간 정도의 고도에서 많은 수확량을 보인다.

_ 카투아이(Catuai)

브라질에서 1950~1960년대에 인공 개발된 종으로, 현재 브라질, 중미의 주 생산 품종으로 자리 잡았다. 바람에 대한 저항력과 견고함을 지니고 있어 바람이 많은 환경에서 잘 자란다. 열매의 색은 붉은색, 짙은 보라색, 노란색이다.

_ 마라고지페(Maragogipe)

타이피카(Typica)종에서 파생되어 브라질에서 자연적으로 나타난 돌연변이로 마라고지페(Maragogipe) 도시 근처 재배지에서 발견되었다. 고도

600~770m에서 잘 자라며 수확량이 많지는 않다. 생두의 크기가 커서 코끼리 콩(elephant bean)으로 불리기도 한다.

파카마라(Pacamara)종은 마라고지페(Maragogipe)와 파카종과의 혼합종으로 생두의 크기가 크며, 훌륭한 아로마와 맛을 보인다. 게이샤(Geisha)종은 에티오피아에서 마라고지페(Maragogipe)의 혼합종으로 콩은 가늘고 길며 개성적인 풍미를 지니고 있다.

_ 티모르(Timor)

1860년대 커피 마름병이 번지던 때에 발견된 카티모르(Catimor)종의 변종으로, 인도네시아의 섬으로부터 이름지어졌다. 아라비카(Arabica)와 로부스타(Robusta)의 혼합종으로 최고의 아라비카(Arabica)맛과 로부스타(Robusta)가 지닌 저항력을 보인다. 하지만 너무 빈약한 맛을 보이는 경우가 있어 오히려 아라비카(Arabica)로 변장한 로부스타(Robusta)로 여겨지기도 한다.

_ 문도노보(Mundo Novo)

1950년경부터 브라질 전역에서 재배되기 시작하여 현재는 카투아이(Catuai)와 함께 브라질의 주력 품종이다. 버번(Bourbon)과 수마트라(Sumatra)종의 자연교배종이며 환경적응력이 좋고 병충해에도 강하다. 신맛과 쓴맛의 밸런스가 좋아 이 품종이 처음 등장했을 때 장래성을 기대하여 문도노보(Mundo Novo)는 '신세계'란 뜻의 이름이 붙여졌다.

_ 켄트(Kent)

인도 마이소르 지역 켄트 농장에서 발견되었으며 타이피카(Typica)의 변이종이다. 생산성이 높고 병충해, 특히 녹병에 강하다.

02 코페아 카네포라 : 로부스타(Coffea Canephora : Robusta)

아프리카 콩코에서 발견되어 로부스타(Robusta)라는 상품명으로 더 잘 알려져 있는 카네포라(Canephora : Robusta)종은 아라비카(Arabica)종보다는 높은 기온에서 잘 견디고 고온다습한 환경에도 적응을 잘 하여 어떤 토양에서도 재배가 가능하다. 또 병충해에도 강해 주로 동남아시아 지역의 저지대에서 재배되고 있다. 저지대에서는 광합성보다는 식물의 호흡작용이 더욱 활발하다. 호흡작용이 활발해지면 광합성에 의해서 생성된 당분과 다른 성분들이 향이나 맛에 관여하기보다 씨앗 조직을 형성하는 데 더 많이 이용된다. 이런 재배 조건 때문에 상대적으로 아라비카(Arabica)종보다 향이 약하고 신맛보다는 쓴맛이 더 강한 로부스타(Robusta) 고유의 특성이 나타난다. 그래서 커피를 입안에 머금었을 때 느껴지는 바디도 강해진다. 또 바디가 강하기 때문에 커피를 볶은 뒤 추출하면서 흡사 옥수수차 같은 구수한 맛이 나고 바디감이 우수하게 느껴진다. 로부스타(Robusta)종은 아라비카(Arabica)종에 비해 가격이 훨씬 저렴하

기 때문에 대체로 캔커피나 인스턴트커피에 많이 사용된다. 또 쓴맛이 강하고 질감이 좋은 로부스타(Robusta) 고유의 특성과 큰 연관이 있다. 카페인의 함유량은 아라비카(Arabica)종이 약 1.5% 전후인 데 반해, 로부스타(Robusta)종은 평균 3.2% 전후로 높은 것이 특징이다. 생두는 두께가 있어 굴러가기 쉬울 정도로 둥근 것이 특징이다.

_ 코페아 카네포라 : 로부스타(Coffea Canephora : Robusta)종의 특징

- 병충해에 강하기 때문에 로부스타(robusta : '강하다'라는 뜻)종이라고 한다.

- 잎이 크고, 열매가 많이 열려 한 그루당 생산량이 많다.

- 카페인 등 수용성 성분이 아라비카(Arabica)종보다 많기 때문에 인스턴트커피나 저렴한 블렌드용으로 사용된다.

- 재배지 : 베트남, 인도네시아, 인도, 브라질, 서아프리카, 마다가스카르 등

_ 아라비카종(Arabica)과 로부스타종(Robusta)의 비교

아라비카(Arabica)	로부스타(Robusta)
• 에티오피아가 원산지다.	• 콩고가 원산지다.
• 해발 1,000~2,000m 정도에서 자란다.	• 평지와 해발 0~700m 사이에서 자란다.
• 병충해에 약하다.	• 병충해에 강하다.
• 성장속도는 느리나 향미가 풍부하다.	• 성장속도가 빠르나, 자극적이고 거친 향미를 가진다.
• 적정 성장온도는 15~24℃이다.	• 적정 성장온도는 24~30℃이다.
• 카페인 함유량이 적다(0.8~1.4%).	• 카페인 함유량이 아라비카종의 약 두 배 수준(1.7~4.0%)이다.
• 전 세계 생산량의 약 70% 정도를 점유한다.	• 전 세계 생산량의 약 30% 정도를 점유한다.
• 한 나무당 약 500g이 생산된다.	• 한 나무 당 약 1,000~1,500g이 생산된다.
• 모양이 길쭉하다.	• 모양이 둥글다.
• 고급은 원두커피용으로 사용되며 fancy coffee라 일컬어진다.	• 주로 인스턴트커피 및 배합용으로 사용된다.

03 코페아 리베리카(Coffea Liberica)

코페아 리베리카(Coffea Liberica)는 서아프리카의 리베리아(Liberia)가 원산
지이며, 아라비카(Arabica)와 로부스타(Robusta)에 비해 병충해에 아주 강한 품
종이다. 저지대에서도 아주 잘 자라는 여러 가지 특성 때문에 1870년대 녹병이
크게 번질 때 아라비카(Arabica)종의 대체종으로 관심이 있었던 품종이다. 그러
나 리베리카(Liberica)의 풍미는 아라비카(Arabica)커피에 크게 미치지 못하고
쓴맛이 강한 탓에 상품으로서의 가치가 없었다. 수확량도 로부스타(Robusta)
에 비교하면 많이 부족하여 시장에 내어놓을 수준이 되지 못했다. 현재는 서아
프리카 국가와 동남아시아 지역에서 적은 양이 재배되고 있으며, 주변도시에서
거의 소비되며, 세계 수확량의 약 1%에 그치며, 시장에서는 보기 힘든 종이다.

커피나무의 재배

Chapter 3 커피나무의 재배

01 커피나무 재배의 확산

커피 음용이 시작된 초기는 그 소비량이 적었기 때문에 예멘에 자생하는 커피나무에서 채집한 과실에 의존했다고 보인다. 그러나 커피 음용이 이슬람세계에 확대되면서 예멘이나 에티오피아, 카파 지방에서 적극적인 재배가 진행되었다. 이들은 예멘에 모여서 일부는 육로로 대부분은 홍해 항로를 따라 각지로 운반되었다.

한편 1595년에 자바에 진출한 네덜란드는 1602년에 동인도회사를 설립, 바타비아에 근거를 두고 재배지역을 확보하였다. 생두를 모아서 바타비아를 출발한 네덜란드 배는 도중에 아덴을 거쳐 현지 커피 거래가격을 조사하고 나서 본국으로 돌아와 예멘의 생두보다 낮은 가격으로 판매했다. 이렇게 해서 네덜란드는 유럽의 커피시장을 지배하게 되었다.

17세기 들어와 유럽에서의 수요가 증가하여 처음은 카이로나 레반토 지방에서 수입하고 있었지만, 1616년 네덜란드가 처음으로 예멘의 모카(Moka)항으로부터 직접 암스테르담으로 운반하고 1663년부터는 정기적으로 수입하였다.

예전부터 커피의 수익성에 주목하고 있던 네덜란드는 1616년에 재빨리 모카에서 커피나무 한 그루를 본국으로 가져갔지만 재배에는 실패하였다. 그러나

1658년 포르투갈로부터 빼앗은 실론에 커피나무를 옮겨 재배해서 성공하였다.

1708년 프랑스의 동인도회사는 모카로부터 인도양의 버번 섬으로 이식을 시도하였지만 실패하였고 1715년에야 성공하였다. 이 섬의 커피나무에서 버번(Bourbon)종이 탄생하게 되었다. 또 프랑스 정부는 1715년 파리식물원에서 자란 나무를 서인도제도의 아이티나 산토도밍고에 이식했지만 성공하지 못했다. 그러나 나중에 노르망디 출신으로서 미르티니크 섬에 농원을 가진 프랑스의 해병대사관 가브리엘 드 클리외에 의해 1723년에 성공하였다. 브라질의 리오데자네이루(Rio de Janeiro)에는 1762년에 인도의 고아로부터, 1770년에는 파라에서, 1774년에는 수리남에서 각각 커피나무가 도입되어 1820년경에는 브라질에서의 커피 생산이 번창하였다.

또한 1740년에는 자바(Java)에서 필리핀(Philippine)으로, 1825년에는 브라질에서 하와이로, 1887년에 프랑스는 인도네시아로부터 커피를 도입, 확산하였다. 에티오피아 이외의 아프리카 지역의 커피 재배는 1878년에 영국이 모카에서 말라위로, 1893년에는 케냐로 도입하고, 1901년에는 레위니옹 섬에서 동아프리카로 도입되었다.

1861년 우간다와 에티오피아에서 발생한 곰팡이병균에 의한 사비병은 1868년에 실론(스리랑카)과 마이소올에 전염되어 마이소올에서는 커피나무가 순식간에 전멸하고 실론에서는 1890년경에 전멸했다.

실론은 그 후 홍차 재배로 바뀌었고 현재 마이소올에서의 커피 재배는 영국에 의해 다시 부활된 것이다. 사비병은 1878년에 자바로 확대되어 동인도제도에서의 커피생산은 큰 타격을 받았지만 사비병의 저항성 품종인 로부스타종으로 품종을 바꿈으로써 회복되었고 현재 인도네시아 커피의 약 90%가 로부스타종으로 되었다.

02 커피나무 재배지역

세계의 커피생산국은 대부분 적도를 끼고 남북회귀선(남 · 북 23도 27도) 내
의 열대, 아열대 지역에 위치하고 있다. 이 지역을 커피 벨트 또는 커피 존이라
부른다.

03 커피나무 재배 조건

_ 기후

강우량, 일조량, 기온 그리고 그 외의 다른 환경적 요소들은 커피나무의 성장과 맛에 영향을 준다. 일중 평균기온은 아라비카(Arabica)종의 경우 18~22℃ 정도, 카네포라종의 경우에는 22~28℃가 적당하다.

강우는 연중 강수량이 아라비카(Arabica)종의 경우 1,400~2,000mm 정도, 로부스타종의 경우에는 2,000~2,500mm 정도가 필요하다. 일조량은 적당하게 필요하지만 아라비카(Arabica)종은 강한 일사나 폭염에 약하기 때문에 어떤 조건이라도 일중 서리가 내리지 않는 지형, 낮과 밤의 기온차가 큰 지형이 바람직하다. 환경적응력이 좋은 로부스타종은 낮은 지형에서도 잘 자란다.

_ 토양

커피나무가 자라는 토양은 생두의 풍미에 큰 영향을 미친다. 커피 재배에 적절한 토양은 유기성이 풍부한 화산석회질, 어느 정도 습기가 있는 배수가 좋은 토양이라고 할 수 있다. 아라비카(Arabica)종은 비옥한 토양에서, 카네포라종은 어떤 토양이라도 잘 자란다.

토질은 커피맛에 미묘한 영향을 끼친다. 일반의 산성이 강한 토양에서 수확된 커피는 신맛이 강하다. 또 브라질의 리우데자네이루 주변의 토양은 요오드 향이 강하고 수확할 때 과실을 지면에 흩어놓기 때문에 리오향이라고 하는 독특한 향이 난다. 자메이카의 풍요로운 화산성 토양이 만들어 낸 커피의 맛과 석회질 또는 모래와 같은 성질을 지닌 예멘의 토양이 만들어 낸 커피의 맛은 서로 같은 종의 나무임에도 불구하고 다르다.

_ 지형과 고도

아라비카(Arabica)종은 고온다습하지 않고 서리가 내리지 않는 고도 1,000~2,000m의 고산지대의 경사면에서 재배되고 있다. 고지대의 경우 커피나무의 열매는 서서히 숙성되면서 열대 특유의 강한 일사량과 조화를 이루어 특유의 풍미를 만들어 낸다. 고도 1,000m 이하의 저지대에서는 환경적응력이 좋은 로부스타 품종이 재배되고 있다.

그러나 반드시 고지대에서 재배된 콩(bean)이 고품질이며, 저지대의 콩이 저품질이라고 할 수는 없다. 적절한 기온과 강수량, 토양, 밤낮의 온도차 등의 기상조건으로 고품질의 커피가 얻어지는 경우도 있기 때문이다. 고도는 단지 등급을 경정하는 판단자료로 보아도 된다. 고도도 중요하나 해당 산지의 독특한 지형이 갖고 있는 기상조건이 보다 중요하다고 할 수 있다.

_ 농업기술

생두가 지닌 모든 것을 이끌어내는 데에는 농경기술(farming standards)도 중요하다.

수확시기의 결정, 가지치기, 물주기, 비료주기, 노후된 나무의 교체 등과 같은 재배과정에서 사용되는 농경기술들은 생두의 품질을 좌우한다.

04 커피나무 재배 – 아라비카(Arabica)종

종자심기

열매는 직경 1~1.5cm 정도의 구형으로 맛이 달콤한 과육 안쪽에 두 쪽의 반원형 종자가 마주보는 모양으로 들어 있다. 마주 보는 면이 평평해 플랫빈(flat bean)이라고도 한다.

한편 전체 생산량의 약 5% 정도는 한 개의 씨만 둥근 모양으로 자라는 경우가 있는데 이를 피베리(peaberry)라고 부르며, 한 개의 체리 속에 3개의 콩이 나오는 경우가 있는데 이를 트라이 앵글러(triangular)라고 부른다. 또한 파치먼트(Parchment)를 벗겨낸 종자를 생두라고 하는데, 파종할 때는 파치먼트(Parchment)를 벗기지 않은 상태로 심는다.

묘목 키우기

많은 농가와 농원들이 물이 이용하기 쉽고 배수가 잘 되는 곳에 흙을 쌓아 묘상(苗床)을 만들고 거기에 1~2cm 깊이로 종자를 심는다. 요즘에는 작은 플라스틱 화분을 사용하는 곳도 많다. 종자를 심은 후 30~50일이 지나면 싹이 트는데 발육상태가 좋은 것만을 골라낸다. 발아에 알맞은 온도는 28~30℃이며 커피새싹은 뙤약볕이나 강풍, 강우에 약하기 때문에 그늘을 만들고 발육상태에 맞춰 일조량을 조절해 주어야 한다. 그리고 5~6개월 후 50cm 정도로 성장한 묘목을 밭에 옮겨 심어 나무가 자리를 잡게 도와준다.

비료주기

식물이 자라면서 필요한 양분은 질소, 인산, 칼륨이며 이를 비료의 3요소라고 한다.

질소는 잎, 가지, 줄기 등의 발육에 영향을 주며 수확량을 좌우한다. 인산은 뿌리, 줄기, 꽃에 필요하며 특히 어린 묘목이 열매가 맺히는 초기단계에 필수적이다. 칼륨은 커피체리가 자라는 데 아주 중요한 양분이다.

대부분 우기에 비료를 주고, 건기에는 나무를 자극하지 않기 위해 비료를 주지 않는다. 종자를 빼낸 커피체리 과육에 계분(鷄糞)을 섞어 비료를 만드는 경우도 있으며 일반적으로 비료를 주지 않으면 단기간에 마른 땅이 되어 수확량이 줄어든다.

셰이드트리(shade tree) 심기

주로 콩과의 식물처럼 나무와 공존할 수 있는 나무가 셰이드트리(shade tree)로 바람직하다. 셰이드트리를 심으면 커피나무에 닿는 강한 햇볕을 막아 밭 전체의 온도를 조절할 수 있기 때문에 매해 일정한 양의 커피 수확을 기대할 수 있다. 또한 셰이드트리는 바람과 서리 등으로부터 보호되어 커피나무의 수명을 늘리는 역할도 하며, 잡초의 번식을 억제하는 등의 효과도 있다. 중미를 중심으로 콜롬비아, 탄자니아 등 많은 산지에서 셰이드트리를 심는다.

김매기

잡초는 생육이 왕성하여 커피나무에 필요한 영양분까지 다 빨아먹기 때문에 건기에는 커피나무의 수분 결핍을 초래하는 원인이 된다. 따라서 멀칭(mulching)이나 사이짓기 작물로 햇볕을 가려 잡초를 죽게 하는 방법을 사용한다.

멀칭작업(Mulching)

일부 산지에서는 우기가 돌아오기 전에 커피나무에서 쳐낸 가지와 셰이드트리(shade tree)의 낙엽 등으로 밭을 덮는 멀칭(mulching)을 실시한다. 이는 보습, 배수성, 지온 유지 등의 효과가 있으며 김을 맨 밭보다 멀칭(mulching)한 밭이 직사광선을 덜 받아 수분 증발과 지온 상승을 피할 수 있다. 또한 지온이 낮아지면 부식이 진행되어 커피나무에 양분이 공급된다. 부식은 미생물과 지렁이 등이 활발하게 활동하며 유기물을 이산화탄소, 물, 암모니아, 인, 칼슘 등의 무기질로 분해하는 것으로 이때 생기는 부식물이 식물의 에너지원이 되어 커피 수확량이 늘어난다.

물주기

꽃이 핀 뒤 커피체리가 자라는 시기에는 안정된 강우량이 필요하다. 강우량이 적은 해나 건기가 오래 지속되는 산지에서는 관개시설을 확보하는 것이 중요하다. 물이 부족하면 얕은 땅에 퍼져 있는 커피나무의 가는 뿌리는 양분을 흡수하지 못해 수확량이 줄어들기 때문이다.

가지치기

커피나무는 손질을 해주지 않으면 수확 연수가 7~8년으로 줄며 생산성이 떨어진다. 커피나무 열매가 열린 자리에는 다시 꽃이 피지 않기 때문에 시간이 지남에 따라 열매 열리는 자리가 점점 줄어드는 것이다. 그래서 고안된 작업이 가지치기이다. 수확이 끝난 뒤 곧바로 땅에서 약 30cm 정도 높이로 줄기를 비스듬하게 잘라주면 된다. 그러면 줄기에서 옆으로 가지가 자라는데 이를 본관으로 두고 불필요한 싹을 잘라주고 잘 자란 가지만 남겨 양분을 집중시킨다. 오래된 커피나무는 2~3m 정도의 크기를 유지시켜 주기 위해 5~7년 주기로 가지치기를 해주어야 한다. 이는 수확의 편의성을 유지하기 위해서이다.

수분과 수정

수분은 꿀벌이나 바람에 의해 이뤄진다. 같은 나무의 꽃가루가 같은 나무의 꽃에 수정되는 것을 자가수정이라고 하고, 다른 꽃의 꽃가루가 붙어서 수정되는 것을 타가수정이라 하는데 아라비카(Arabica)종은 자가수정을 한다.

꽃

하얗고 작은 커피꽃은 크기가 2~3cm 정도이며 재스민(Jasmine)이나 오렌지(Orange)처럼 달콤한 향기를 풍기는데 개화해서 사나흘 지나면 그 향이 사라진다. 우기와 건기가 분명한 산지에서는 본격적으로 우기가 시작되기 직전 일제히 꽃이 핀다. 비가 불규칙하게 내리는 곳에서는 개화시기도 불규칙하다.

커피체리(Cherry)

꽃이 핀 뒤 7개월 전후로 녹색의 둥근 열매가 열리며 이것이 더 자라 노란색 또는 붉은색, 보랏빛이 도는 짙은 붉은색으로 변하면서 익는다. 열매의 외관이 앵두 같아서 체리라 부르기 시작했다. 다 익은 커피체리는 은은하게 달콤한 맛이 나지만 과육이 적어 식용으로는 부적합하다. 커피체리는 너무 익으면 검은빛이 도는 붉은색을 띠는데, 그 전에 수확해야 한다.

수확시기와 방법

생산지에 따라 기상 조건이 다르기 때문에 연중 지구상 어딘가에서는 커피콩을 수확하고 있다고 생각하면 된다. 수확시기는 북반구의 경우 10월에서 2월 전후, 남반구는 5월에서 9월 전후이다. 북반구와 남반구 사이에 걸쳐 있는 콜롬비아에서는 연중 내내 커피 수확이 이루어진다.

보통 나무 한 그루에서 세 번에 나누어 수확하는 것이 좋다고 한다. 다 익은 열매를 한 알 한 알 손으로 따는 것이 이상적인 방법인데, 수확량 확보를 위해 효율성을 우선시하다 보면 아직 덜 익은 녹색 열매가 섞이는 경우도 많아진다. 기술이 좋은 농장에서는 최대한 잘 익은 열매만을 수확하는 것에 최선의 노력을 기울인다. 가지를 손으로 훑어서 따는 방법은 덜 익은 콩이 섞일 가능성이 높아 바람직하지 않다. 키가 큰 나무를 흔들어 열매를 떨어뜨리거나 너무 익어 떨어진 열매를 줍는 방법도 전반적으로 콩의 품질을 떨어뜨리기 때문에 좋지 않다.

05 커피콩의 구조

커피열매 속에는 '커피콩'이라 부르는 종자(씨) 부분이 있다. 보통 두 개의 반원형 종자가 마주 보는 형태로 들어 있으며, 그 주변을 은피(silver skin)라 불리는 얇은 막과 내과피(parchment)라고 불리는 딱딱한 껍질이 한 번 더 감싸고 있다.

내과피 바깥쪽 부분이 과육이다. 과육은 익을수록 달지만 육질이 적어서 먹기에 적합하지 않다. 과육을 둘러싼 부분은 외피로 익을수록 붉은색을 띠는데 앵두처럼 잘 익은 빨간 열매를 커피체리(Coffee cherry)라 부른다.

수확한 커피체리는 과육이 물러져 금방 상하기 때문에, 곧바로 종자를 추출하는 작업 즉 정제를 하지 않으면 안 된다.

- 종자(Green bean) : 체리 중심 부분의 씨. 보통은 마주 보는 형태로 두 개의 씨앗이 들어 있다. 겉껍질을 벗겨낸 것을 생두, 또는 그린빈(green bean)이라고 한다.

- 은피(Silver Skin) : 실버스킨이라고 한다. 씨를 감싸는 얇은 막으로 씨를 정제하거나 가공해도 겉에 남지만 로스팅 과정에서 대부분 없어진다.

- 내과피(Parchment) : 은피를 감싸는 딱딱한 껍질로 파치먼트라고도 한다. 산지에서는 저장고에 보관했다가 이것을 없앤 후 수출한다.

- 과육(Pulp) : 체리라고도 한다. 보통 앵두는 과육이 많고 씨가 적지만, 커피체리는 과육이 적어 앵두처럼 먹기는 힘들다. 그러나 과육 자체는 매우 달다.

- 외피(Outer Skin) : 체리의 바깥쪽 껍질을 말한다.

생두(Green bean)=외피(Outer Skin)−과육(Pulp)−내과피(Parchment)−은피(Silver Skin)

커피를 처음 심을 때는 우리가 쉽게 구입할 수 있는 생두를 심는 게 아니라 파치먼트 상태로 심는다. 파치먼트를 심은 지 4~5주 후면 싹이 나고 6~12개

월 정도 지난 후에 모종을 밭으로 옮겨 심는다. 대체로 3년이 지나면 열매를 수
확하기 시작한다.

06 커피꽃

커피나무를 심은 지 2년 정도 지나면 꽃이 피기 시작하는데, 꽃잎은 흰색이
며 가지 부분에 여러 개가 한꺼번에 피고 크기는 2~3cm 정도이다. 꽃은 한 개
의 암술과 보통 다섯 개의 수술로 이루어져 있으며, 피어 있는 시간은 일주일
미만으로 재스민(Jasmine)향과 유사한 향기가 난다. 꽃잎은 아라비카(Arabica)
종은 5장, 로부스타(Robusta)종은 5~7장으로 꽃이 피었다가 지는 기간은 약
한 달이 걸린다. 수정이 되면 꽃밥(Anther)이 갈색으로 바뀌게 되며 이틀 후 꽃

이 지면 씨방 부분이 발달하게 되어 열매를 맺게 된다. 아라비카(Arabica)종은 자가수정에 의해 열매를 맺게 되며, 로부스타(Robusta)종은 타가수정에 의해 열매를 맺게 된다.

CHAPTER 4

커피의 수확, 가공,
분류 및 포장

커피의 수확, 가공, 분류 및 포장

01 커피의 수확

커피나무는 싹이 터서 수확하기까지 여러 단계를 거친다. 아라비카(Arabica)
종 커피나무의 경우는 모판에서 만들어 땅에 이식하고, 로부스타(Robusta)종
커피나무의 경우는 직접 땅에 씨를 뿌려서 나무를 키운다. 커피나무는 심은
지 약 2년이 지나면 꽃이 피고, 그 후 열매를 맺는데 수확하는 데 걸리는 기간
은 아라비카(Arabica)의 경우 6~9개월이 걸리며, 로부스타(Robusta)종의 경우
9~11개월이 걸린다.

커피 열매는 같은 가지에 붙어 있는 열매라도 익는 속도가 다르기 때문에 붉
게 익은 것부터 하나씩 손으로 수확(harvesting)한다. 산지에 따라 수확방법이
다른데 열매가 익기를 기다렸다 지면에 천을 깔고 가지를 훑어 지면으로 떨어
뜨리거나, 기계를 사용하여 수확하기도 한다.

_피킹(Picking)

피킹은 농부가 허리에 나무로 엮은 바구니(canasta)를 차고 잘 익은 커피체리
(Coffee cherry)만을 골라 손으로 수확하는 방법이다. 커피의 품질이 비교적 우
수한 편이나 노동력이 많이 든다.

_ 스트리핑(Stripping)

커피나무의 가지를 훑어 내리면서 수확하는 방식으로, 건식법을 사용하거나, 로부스타종을 생산하는 나라나 대형농장에서 주로 사용하는 방법이다.

수확 시 나뭇가지와 덜 익은 체리가 섞일 수 있기 때문에 수확시기의 선택이 아주 중요하다. 수확한 체리의 품질이 균일하지 않지만 비용은 줄일 수 있다는 장점이 있다.

_ 기계수확(Mechanical Harvesting)

기계수확은 기계의 봉이 커피나무를 움직이게 하여 체리를 수확하는 것으로 인건비가 적게 들고 속도는 빠르나, 잘 익은 체리와 덜 익은 체리의 선별 수확이 어렵고 나뭇잎과 가지 등의 불순물이 섞일 수 있다.

커피나무에 진동을 주어 커피체리를 떨어뜨리기 때문에 커피체리 외형의 손상을 유발할 수 있으며, 선별 수확이 어렵고 사용 가능한 지역이 한정적이라는 단점이 있다. 브라질이나 하와이처럼 인건비가 고가인 지역에서 주로 사용하는 방법이다.

커피생산에 치명적인 병충해	
CBB(Coffee Berry Bore)	커피열매 벌레로 스페인어로는 브로카(broca)로 부른다.
CBD(Coffee Berry Disease)	커피열매가 다 익기 전에 열매가 죽어 떨어지는 병으로 케냐, 동아프리카 지역에서 가장 큰 문제이다.
CLR(Coffee Leaf Rust)	1876년 수마트라, 1878년 자바, 1880년 아프리카, 1970년 브라질 그리고 중미로 번진 병으로 녹병이라 한다. 주로 아라비카 품종에서 많이 발생되며 스리랑카에서는 1869년에 발견되었다. 스리랑카는 최대의 커피 재배생산국이었으나 이 녹병으로 인해 커피나무가 대부분 죽게 되었다. 이후 스리랑카는 차를 재배하기 시작해 지금의 최대 차(Tea) 생산국이 되었다.

02 커피의 가공

수확한 커피체리에서 커피콩(Green Coffee Bean)을 얻기까지의 과정을 가공이라 한다. 이 과정을 어떻게 하느냐와 얼마나 잘 하느냐가 커피의 풍미나 품질에 결정적인 차이를 주기 때문에 재배지를 제외하고는 가장 기초적인 생두의 구분법이 된다. 수확한 커피체리는 가공하지 않은 상태로 두면 급속도로 변질된다. 그렇기 때문에 커피체리 수확 후 2시간 안에 가공과정에 들어가는 것이 좋다.

잘 익은 커피체리는 일반적으로 수분 함유량이 65%를 넘지 않아야 한다. 커피 가공에서 가장 중요한 목표는 커피콩을 커피체리에서부터 분리해 내고, 커피가 보존될 수 있도록 수분 함유량을 최대 12%까지 건조시키는 것이다.

주로 사용되는 가공방법은 내추럴(Natural) 방법과 위시드(Washed) 방법이다. 또한 브라질에서 개발한 펄프드 내추럴(Pulped natural) 방법이나 인도네시아에서 하는 세미 위시드(Semi washed) 방법이 있다.

_ **워시드 방법**(수세식 가공법) = Wet Method

위시드 방법은 열매의 씨앗을 분리해내는 방법 가운데 가장 광범위하게 쓰이는 방식이다.

① **이물질 제거 및 분리**

커피체리를 수확한 후 가공공장으로 이동하여 물에 넣어 이물질을 제거하고 잘 익은 체리와 덜 익은 체리를 구분한다.

② **펄핑**

잘 익은 체리는 펄핑(pulping)과정을 통해 껍질을 제거한다.

③ 발효

펄핑과정이 끝나면 발효탱크로 이동하여 파치먼트상태에 남아 있는 점액질을 제거한다. 발효시간은 18~24시간 소요된다.

④ 세척

발효가 끝나면 물로 씻어내며 수로(washing channel)로 이동한다.

⑤ 건조

점액질이 제거된 파치먼트는 건조과정으로 들어간다. 건조 방식으로는 파티오 건조(patio drying), 체망건조(serene drying), 기계건조(mechanical drum drying)를 이용한다.

- 파티오 건조는 파치먼트를 바닥(땅 또는 시멘트)에 펼친 후 갈고리를 이용하여 섞어주며 골고루 건조시키는 방식이다.

- 체망 건조는 선반에 올려져 위와 아래 부분으로 공기가 잘 통하게 하여 건조하는 방식이다.
- 기계 건조는 기계드럼에 파치먼트를 넣고 60℃의 온도로 10시간 동안 건조시키는 것이다. 드럼 건조 시의 연료는 가공 후 나오는 파치먼트를 사용한다.

⑥ 숙성

건조가 끝난 파치먼트는 숙성과정을 거친다. 보통 20일 정도의 숙성시간을 갖는데, 이 과정은 커피의 신선도를 유지하고 결정하는 중요한 과정이다.

⑦ 탈곡

탈곡과정을 거쳐 파치먼트와 씨앗을 분리한다. 농장에 따라 남은 실버스킨(silver skin, 은피)을 더욱 깨끗하게 제거하기 위해 폴리싱(polishing) 과정을 거치기도 한다.

위시드 방법은 전체적으로 공정이 복잡하고 각 공정에 따른 설비가 필요하다. 과육이 제거된 상태로 건조되기 때문에 과육이 맛에 영향을 미치지 않아 맛이 뚜렷하고 잡미나 잡향이 없다. 아라비카(Arabica)종의 약 60% 내외가 위시드 방법으로 가공되며 일부 로부스타(Robusta)종도 이 방식으로 가공한다. 다만 발효과정과 세척과정에서 체리 1kg당 약 120L의 물이 사용되기 때문에 환경오염의 우려가 있다. 그래서 프리미엄급 커피를 친환경적인 내추럴 방법으로 가공하는 경우가 늘고 있다.

- 콜롬비아, 하와이, 과테말라, 케냐 등지에서 주로 사용하는 방법이다.

발효과정 시 점액질이 제거될 때 일어나는 반응

발효 시 발효탱크에서는 생두를 둘러싸고 있는 점액질의 생화학적 반응이나 가수분해가 일어난다. 이러한 반응들은 커피체리 속에 존재하는 효소(펙티나아제, 펙타아제)에 의해 일어난다.

세척수로를 거치는 이유

차가운 물로 발효과정을 멈추게 하여, 발효과정 후 콩에 남아 있는 점액이 제거된다. 또한 세척수로를 통과하면서 생두 밀도에 따른 분류가 이루어진다.

_ 내추럴 방법(자연건조식 가공법) = Dry Method

자연건조식은 가장 전통적인 가공방식이다. 오래전부터 전통적인 방식으로 커피를 가공해온 지역이나 영세한 농가들 혹은 물이 부족한 지역에서 많이 이용해왔다.

먼저 나무에서 딴 체리에서 나뭇잎이나 나뭇가지 등의 불순물을 제거한 다음 땅바닥이나 평상 등에 널어 건조시킨 후 껍질을 벗긴다. 자연건조식은 건조과정에서 수분이 증발하면서 과육 자체가 없어지기 때문에 마지막에 껍질만 벗겨주면 된다. 수세식에 비해 공정과 필요한 설비가 상대적으로 간단하기 때문에 생산비용이 저렴하고 환경오염을 유발하는 요소가 없다는 점에서 주목받고 있다. 또 건조과정에서 과육의 성분들이 생두에 스며들기 때문에 단맛과 풍미, 바디감이 좋아진다는 장점이 있다. 하지만 과육의 상태에 따라서 가공 후 생두의 색이 고르지 못할 수 있고, 과육이 가지고 있는 잡미나 잡향이 배어들기 때문에 품질이 떨어질 수 있다는 단점도 있다. 그래서 현재는 품질을 향상시키기 위해서 균일한 숙성을 보이는 커피체리만을 선별해서 가공하는 방식을 사용하기도 한다.

• 에티오피아, 예멘, 인도네시아 등지에서 주로 사용하는 방법이다.

_ 펄프드 내추럴 방법

수확 즉시 커피체리의 껍질을 제거하고 점액질이 붙어 있는 상태의 파치먼트를 그대로 건조시킨다. 그런 다음 마른 과육을 기계로 벗겨내어 커피콩을 얻는다. 이 가공방법은 커피체리의 껍질을 제거하는 펄핑과정에서 미성숙 체리를 제거하는 것이 가능해 내추럴 방법에 비해 정제도가 높다. 점액질이 묻은 상태로 건조하므로 단맛과 과일맛, 꽃향기가 특색인 커피가 된다.

수마트라식(Sumatra)

인도네시아 수마트라 섬의 가공방법이다. 체리의 껍질을 제거하고 점액질이 묻은 파치먼트상태의 생두를 충분히 건조하여 탈곡한다. 그 후 생두상태에서 건조한다. 수확에서 건조까지의 과정이 빠르게 진행되며, 가공이 끝나면 씨앗은 청녹색을 띤다.

_ 세미 위시드 방법

수확한 커피체리를 물로 씻고 기계에 의해 외피와 점액질을 제거한다. 그런 다음 햇빛에 건조시킨 후 기계로 건조시켜 마무리한다. 위시드 방법과 다른 점은 발효과정을 거치지 않는다는 것이다. 품질은 내추럴 방법보다 안정적이다.

03 커피콩의 선별과 분류

건조가 끝난 커피콩(Green Coffee Bean)은 크기, 밀도, 수분함유율, 색, 불량콩의 혼합 여부에 따라 선별되어 등급이 나뉜다.

① 커피콩의 크기(Screen)

일반적으로 커피콩의 크기가 클수록 우수한 품질로 인정받고 있는데, 크기가 작은 품종도 고급커피콩으로 인정받는 경우가 많다. 스크린사이즈를 구분하는 방법은 구멍이 뚫린 판(Screen) 위에 커피콩을 올린 후 흔들어서 밑으로 빠지게 하는 것인데, 1 Screen은 통상 1/64inch(약 0.4㎜)이다. 스크린의 숫자가 클수록 콩의 크기가 크다. Screen이 큰 품종으로 코끼리콩이 있다.

② 커피콩의 밀도(Density)

커피콩의 밀도는 재배고도에 따라 관계가 높다. 일반적으로 지대가 높을수록 일교차가 심하고 온도가 낮기 때문에 낮에는 체리가 성숙하기 위해 팽창하고, 밤에는 수축한다. 이와 같이 고지대의 커피나무는 성장이 느리며, 열매의 수확이 적을 수밖에 없다. 그러나 천천히 성장하기 때문에 밀도가 높은 커피콩을 수확할 수 있다. 보통 1,000m 이상 고지대에서 재배되어 수확한 커피콩을 고급으로 분류하는데 이는 밀도가 높을수록 향미가 좋으며, 맛이 깊고 복합적인 향이 풍부하기 때문이다. 밀도를 분류할 때 경사진 테이블 위에 생두를 놓고 진동을 통해 무거운 콩을 테이블 위쪽으로 가게 하는 방법을 사용한다.

③ 커피콩의 함수율(The Percentage of Moisture Content)

SCAA(Specialty Coffee Association of America)의 기준에 따르면 9~13%가 적당하다. 함수율은 보통 기계로 측정하며, 10~12% 정도의 함수율을 양호한 것으로 분류한다. 잘못된 보관으로 커피콩이 부패할 수 있기 때문에 함수율에 따라 건조하고 통풍이 잘 되는 상태에서 보관하는 것이 중요하다.

④ 커피콩의 색깔(Color)과 불량콩(Defect Beans)

커피콩은 품질이 낮거나 오래된 커피콩일수록 황록색을 띠게 되며, 맑고 깨끗한 청록색일수록 고급으로 분류된다. 커피콩의 색깔별로 분류하는 것은 불량콩(Defect Beans)을 제거하는 것과 관계가 깊은데 기계를 이용하여 분류하거나, 사람이 일일이 손으로 분류하는 방법이 있다. 불량콩은 커피의 맛과 향에 영향을 주기 때문에 커핑(Cupping)하기 전이나 로스팅(Roasting)하기 전에 선별해야 한다. 불량콩이란 커피콩에 흠이 있는 것을 뜻하며, 커피의 수확에서부터 가공, 건조, 보관 등 모든 과정에서 발생할 수 있다. 불량콩(Defect Beans)의 수가 적을수록 높은 등급으로 분류되며, 커피콩(Green Coffee Bean) 300g을 기준으로 평가한다.

  *커핑(Cupping) : 커피의 맛을 평가하는 것

04 커피콩의 포장

커피콩의 특성을 유지한 상태로 보관할 수 있는 조건을 갖추어야 한다.

주로 통기성이 좋아 장기간 보관이 용이한 황마나 삼베로 만든 자루에 포장하여 보관한다.

커피콩의 포장은 국가별 포장 단위에 따라 이루어지는데, 1자루(Bag)는 40kg, 60kg, 70kg 등 다양하지만, 국제 규격은 1Bag당 60kg이 기본이다. 보관 시에는 20℃ 이하의 온도와 커피콩의 수분 함유율에 따라 40~60%의 습도를 유지하여 커피콩의 손상을 막아 품질을 유지하도록 한다.

05 커피콩의 보관

공기

커피는 공기에 아주 민감하다. 특히, 커피를 보관할 때에는 공기의 접촉을 완전히 차단해야만 조금이라도 보관시간을 늘릴 수 있다. 보관기간이 가장 짧은 것은 분쇄된 커피가루가 공기 중에 노출되었을 때이다.

습도

커피는 습기를 잘 흡수하므로, 냉장고나 냉동고에 보관하기보다는 공기가 차단되고 습도가 적은 시원한 곳에 밀봉한 채로 보관하는 것이 좋다. 커피가루는 냄새를 잘 흡수하기 때문에 일반인들이 냉장고의 탈취제로 사용하는 까닭이 그 때문이다. 커피 생두의 수분함량에 따라 40~60%의 습도유지가 필요하다.

온도

커피는 보관온도가 높을수록 맛과 향이 떨어지고, 커피의 산화속도가 빨라진다. 밀폐된 보관용기를 사용할 경우 유리병이나 뚜껑이 있는 박스보다는 종이나 알루미늄 등의 특수소재로 만든 밀폐포장이 더욱 좋다.

즉, 커피의 보관 장소로는 빛이 들지 않고 통풍이 잘 되며 습기가 차지 않는 곳이 좋다.

06 커피의 소비

과거에는 제국주의 강대국들이 식민지 노예들을 부려 대규모 농원을 경작했으나 오늘날에는 생산국 대부분이 개발도상국들로서 재배기술 수준이 낮은 소규모 농원에서 경작하므로 기후조건에 따라 수확량의 차이가 많다.

해마다 70여 개 국가에서 약 600만t을 생산하여 60여 개 국가로 수출하며 총수확량 가운데 아라비카(Arabica)종이 약 70%이고 나머지 대부분은 로부스타(Robusta)종이다(ICO 기준으로). 아라비카종 생산량은 브라질이 해마다 약 120만t 이상을 생산하여 세계 제일의 커피 생산국임을 자랑하고, 콜롬비아가 약 90만t 이상을 생산하며, 세계 2위를 지키고 있다. 인도네시아는 로부스타(Robusta)종을 약 50만t 정도 수확하며 그 밖에 멕시코, 에티오피아, 우간다, 인도, 과테말라, 베트남 등도 주요 생산국이다.

전 세계의 음료소비량은 물 다음으로 많으며, 그 중에서도 1인당 커피 소비량이 가장 많은 나라는 핀란드와 스웨덴으로, 1년 동안 1인당 13kg을 소비한다. 다음은 덴마크와 노르웨이로 연간 약 12kg, 네덜란드가 약 9kg, 독일, 오스트리아, 벨기에, 룩셈부르크가 약 8kg을 소비한다. 그 밖에 프랑스, 스위스, 미국, 이탈리아, 캐나다, 영국 등이 주요 소비국이다.

로스팅(Roasting)

Chapter 5 로스팅(Roasting)

01 로스팅(Coffee Roasting)

커피체리에서 얻어진 생두는 커피콩을 마실 때 느낄 수 있는 향기로운 커피 향과 다양한 커피 맛을 가지고 있지 않다. 커피콩 자체는 매력이 없지만 로스팅(Roasting) 과정을 거치고 나면 비로소 각각의 커피콩이 숨기고 있던 맛과 향이 표현되기 시작한다. 즉, 로스팅(Roasting)이란 커피콩이 가지고 있는 특징을 다양하고 세밀하게 표현하는 과정을 의미한다. 따라서 로스팅(Roasting)된 결과에 만족하기 위해서는 생산지별 생두의 특징과 상태를 정확히 알아야 한다.

커피콩(Green Coffee Bean) → 볶기(Roasting) → 분쇄(Grinding) → 추출(Brewing)

02 로스팅 방식

현재 가장 많이 사용하는 로스팅(Roasting) 방식은 직화방식, 반열풍방식, 열풍방식으로 나뉘어진다. 로스팅(Roasting) 방식은 직화식의 형태에서 반열풍식으로 변해가고 있으며 향후 열풍식으로 변해갈 거라 예상된다. 이는 직화방식보다는 열풍방식이 보다 안정적인 결과를 얻을 수 있기 때문이다. 로스팅(Roasting) 방식은 각각 장단점을 가지고 있기 때문에 어떤 방식이 좋다고 단정하지 말고 자신이 여러 방식의 로스터를 사용하여 얻은 경험을 통해 선택하는 것이 가장 좋은 방법이라고 할 수 있다.

직화방식

반열풍방식, 열풍방식과 다른 점은 드럼 겉면에 일정한 간격으로 구멍이 나 있으며 드럼 밑 버너에서 공급되는 열량이 드럼에 뚫린 구멍을 통해 100% 전달되는 방식이라는 점이다.

- ● 장점
  - 드럼 내부의 예열시간이 짧다.
  - 개성적인 맛과 향을 표현할 수 있다.
  - 커피콩의 특징에 맞게 다양한 로스팅(Roasting) 방법이 가능하다.

- ● 단점
  - 열량조절이 어렵다(열량손실이 발생).
  - 균일한 로스팅(Roasting)이 어렵다.
  - 커피를 태울 수 있다.

- 혼합 블렌딩(Blending)이 반열풍방식에 비해 어렵다.
- 외부환경에 영향을 많이 받는다.

반열풍방식

직화방식과는 달리 드럼 표면에는 구멍이 뚫려 있지 않으며 드럼 뒷면에 일정한 간격으로 구멍이 뚫려 있다. 일반적으로 공급되는 열량이 드럼 표면으로 약 60% 정도 전달되며 나머지 40%는 드럼 뒷면을 통해 열풍으로 전달되는 방식이다. 현재 소형 로스터(shop roaster) 중 가장 많이 사용하는 방법이다.

● **장점**
- 드럼 내부로 공급된 열량의 손실이 적다.
- 균일한 로스팅(Roasting)을 할 수 있다.
- 혼합 블렌딩(Blending)이 가능하다.
- 커피콩 내부의 팽창이 쉽다.
- 안정적인 커피 맛을 얻을 수 있다.

● **단점**

- 드럼 내부의 예열시간이 직화방식에 비해 길다.
- 개성적인 커피 맛을 표현하기가 직화방식보다는 어렵다.
- 고온 로스팅(Roasting) 시 풋향과 비릿한 맛이 나타날 수 있다.
- 저온 로스팅(Roasting)이 어렵다.

열풍방식

반열풍방식보다는 더욱더 안정적인 커피 맛과 향을 표현할 수 있는 방식이다. 직화방식과 반열풍방식은 드럼 아랫부분에 버너가 위치하고 있으나 열풍방식은 드럼 뒷부분에 위치하여 열풍으로만 드럼 내부에 열을 전달하는 방식이다.

● **장점**

• 가장 안정적인 커피 맛과 향을 유지할 수 있다.

• 로스팅(Roasting)타임이 짧아 생산성 향상에 유리하다.

• 커피콩 표면을 태울 수 있는 확률이 직화방식보다 적다.

• 공급되는 열량 손실이 가장 적은 방식이다.

● **단점**

• 드럼 내부의 예열시간이 가장 길다.

• 저온 로스팅(Roasting)이 어렵다.

• 개성적인 표현에 한계가 있다.

03 로스팅(Roasting) 실전 ① – 로스팅 시 꼭 알아두어야 할 사항

로스터(Roster)는 로스팅(Roasting)을 하기 전에 볶을 커피콩(Green Coffee Bean)의 특징을 올바르게 평가할 줄 알아야 한다. 생두를 잘못 평가하면 로스팅(Roasting) 방법에 따라 전혀 엉뚱한 결과가 나타나기 때문이다. 다양한 방법의 평가기준이 있으나 꼭 알아두어야 할 항목에 대해 알아보자.

핸드픽(hand pick)

커피콩은 생산지 환경과 가공시설, 분류방법에 따라 불량콩(Defect Coffee Beans)이 발생하게 되며 이 불량콩(Defect Coffee Beans)의 분량 또는 불량콩(Defect Coffee Beans)의 종류에 따라 전체 커피의 맛과 향에 큰 영향을 준다.

그러므로 로스팅하기 전 불량콩(Defect Coffee Beans)을 골라내는 과정이 절대적으로 필요하다.

건조가 끝난 커피콩에서 발견할 수 있는 불량콩(Defect Coffee Beans)에는 다양한 종류가 있다. 불량콩(Defect Coffee Beans)의 종류에 따라 커피의 맛과 향에 영향을 주기도 한다. 따라서 불량콩(Defect Coffee Beans)을 골라내는 핸드픽(Hand Pick) 과정은 로스팅하기 전 꼭 해야 할 사항이다.

⚫ _ 커피 맛에 영향을 미치는 대표적인 불량콩(Defect Coffee Beans)

Black Coffee Bean(Sour)	커피콩의 색이 검게 변한 것을 말하며, 주로 나무에서 떨어진 체리 내에 들어있던 콩이 시간이 지남에 따라 검게 변한 것을 말한다.	
Cut, Broken, Chipped Bean	생두의 외관이 부서지거나 플랫빈의 형태가 아닌 것을 말한다.	
Immature Bean	미성숙한 커피콩으로 덜 익은(녹색의) 체리에서 수확한 커피콩을 말하며 크기가 작고 겉표면이 주름진 짙은 녹색을 띤다.	
Insect Demage Bean	벌레 먹은 커피콩을 말하며, 외관에 구멍이 나 있고 커피콩의 무게가 가볍다	
Moldy Bean (Fungus)	곰팡이가 핀 커피콩을 말하며, 건조가 잘 되지 않았거나 보관 중에 습기가 높은 곳에 보관된 커피콩에서 주로 발생한다.	
Quaker Bean (Stinker, Floater)	마일드종이 세척과정 중에 수조 또는 이송관 내에 지나치게 장시간 머물러 발효가 진행되어 커피콩의 색이 다소 붉게 변한 커피콩을 말하며 주로 미성숙 커피콩과 성숙된 커피콩에서 발생한다.	
Shell Bean	영양결핍으로 제대로 성숙하지 못해, 정상적인 형태를 갖추지 못하고, 조개 모양을 하고 있는 커피콩을 말한다.	
Spotted Bean	외관이 일정하지 않고 얼룩진 커피콩을 말하며 부분적으로 발효가 일어나 대부분 향미가 바람직하지 않다.	

| White Bean | 수확 후 오랜 기간 방치되어 커피콩 고유의 빛깔을 잃고 흰색으로 탈색된 것으로, 주로 Old Crop을 말한다. | |
| Withered Bean | 커피콩이 제대로 성숙하지 못하고 체리 내에 시들어버려 외관이 매우 주름지고 검정색에 가까운 녹색을 띤다. | |

커피품종을 구분할 줄 알아야 한다

아라비카(Arabica) 품종은 다양한 맛과 향을 지니고 있어 품종에 대한 구분이 가능하다면 품종의 특징에 맞게 표현할 수 있으므로 보다 나은 결과를 얻을 수 있다.

_ 대표적인 품종에 대한 맛과 향의 특징

- 타이피카(Typica) : 풍부한 아로마(Aroma)와 깔끔한 신맛(Acidic)을 가지고 있다.
- 버번(Bourbon) : 맛과 향의 균형감이 있고 바디감이 느껴진다.
- 카투라(Catura) : 과일에 가까운 상큼한 신맛과 중간 정도의 바디(Body)감을 가진 품종이다.
- 문도노보(Mundo Novo) : 아로마(Aroma)는 약한 편이며 부드러운 커피 맛을 가진 품종이다.
- 카투아이(Catuai) : 아로마(Aroma)는 약하며 부드러우나 뒷맛이 씁쓸한 단점이 있다.
- 수확 연수를 알아야 한다.

_ 뉴크롭(New-crop)

수확한 지 1년이 안된 커피콩을 말한다.

- 색(color) : 블루그린(blue green), 그린(green)
- 향기(aroma) : 풋향과 매운 향이 강하게 난다.

_ 패스트크롭(Past-crop)

수확한 지 1년에서 2년 정도 된 커피콩을 말한다.

- 색(color) : 옅은 그린(light green)
- 향기(aroma) : 건초향, 마른 풀냄새

_ 올드크롭(Old-crop)

수확한 지 2년이 지난 커피콩을 말한다.

- 색(color) : 흰색(white) 또는 옅은 노란색(light yellow)
- 향기(aroma) : 매운 향, 무향

수확한 지 1년이 안된 뉴크롭 커피는 커피 본래의 맛과 향을 잘 간직하고 있으며 수확한 지 오래된 커피콩일수록 맛과 향이 많이 떨어진다. 따라서 로스터는 가능한 한 뉴크롭을 선호해야 하며 수확한 시점에 맞게 투입온도와 화력을 조절해야 한다.

수확 연수	색	수분함량	생두 향	투입온도
뉴크롭	블루그린~그린	13% 이하	풋향, 매운 향	높게
패스트크롭	그린~옅은 그린	10%	건초향	200℃ 기준
올드크롭	옅은 그린~옐로우	7% 이하	매운 향, 무향	낮게

가공방법을 알아야 한다

앞에서 언급했듯이 커피체리는 가공 건조방법에 따라 같은 품종의 커피라도 다른 맛과 향으로 나타난다. 따라서 로스터가 커피콩을 보고 체크할 수 있다면 가공방법에 맞는 맛과 향의 표현이 가능하다. 예를 들면, 같은 농장에서 재배된 체리를 가공시점을 동일하게 맞춘 후 4가지 가공 건조방법을 통해 얻어진 커피콩을 로스팅(Roasting)하면 각기 다른 맛과 향의 원두를 만들 수 있다.

_ 단맛의 정도

• 내추럴건조 빈 > 펄프드 내추럴건조 빈 > 세미 워시드건조 빈 > 워시드 건조 빈

_ 신맛의 정도

• 워시드건조 빈 > 세미 워시드건조 빈 > 펄프드 내추럴건조 빈 > 내추럴 건조 빈

_ 로스팅된 원두 센터 컷의 변화로 생두의 가공방법 알아보기

• Washed 가공방법 : 센터 컷이 황금색 또는 미색으로 변한다(밝은 색).
• Natural 가공방법 : 센터 컷이 원두의 색과 비슷하게 또는 같은 색으로 변한다(짙은색).

커피콩의 조밀도를 알아야 한다

커피콩의 조밀도란 생두조직의 단단함 정도를 의미하며 이는 커피 종자와 재배고도에 따라 다르게 나타난다. 커피콩의 조밀도는 로스팅 시 중요한 판단조건 중 하나인데, 초기 투입온도의 설정과 가스압력의 정도(공급화력의 세기), 로스팅 방법의 차이에 기준점이 되기 때문이다.

04 로스팅 실전 ② – 로스팅 그래프의 이해

일번적으로 기준이 되는 로스팅 그래프가 있다. 그래프를 보며 로스팅 과정을 이해하고 그래프를 정확히 알고 있어야 한다.

투입온도

커피콩의 특징에 따라 투입온도는 달라진다.
- 뉴크롭 > 패스트크롭 > 올드크롭 순으로 투입온도가 높다.
- 조밀도 강, 중, 약 순으로 투입온도가 높다.
- 일반적으로 200℃를 기준으로 생두에 따라 투입온도를 높게 또는 낮게 정하여 투입한다.

중점

설정된 투입온도에 도달했을 때 생두를 드럼 안으로 투입하면 드럼 내부의 온도는 떨어지게 된다. 떨어지는 온도는 일정시간이 지나면 멈추게 되는데, 이

시점을 온도의 중점이라고 부른다. 로스팅 초기단계에서 중점은 전체 커피의 맛과 향을 결정짓는 중요한 포인트이므로 정확히 체크하는 습관이 필요하다. 커피의 품종에 따라, 커피가 수확된 연수에 따라, 커피 가공방법에 따라, 커피의 조밀도에 따라, 커피의 수분함량에 따라, 커피 투입량에 따라 온도의 중점은 조금씩 달라질 수 있으므로 정확한 체크가 필수이다. 커피를 볶는 방식 중 직화방식은 반열풍방식이나 열풍방식보다 중점의 변화가 심한 편이다. 이는 외부환경의 영향을 많이 받기 때문이다. 즉, 로스팅하는 시점의 날씨에 따라 드럼 내부의 공기흐름이 달라진다.

전환점

중점에서 멈춘 드럼온도는 조금 후 상승하기 시작한다. 이때를 전환점이라 부르며 이 시점부터 온도는 서서히 상승하여 로스팅을 끝마칠 때까지 계속 상승한다. 전환점 또는 중점과 함께 연결지어 생각한다면 커피의 맛과 향을 유지하는 과정에서 중요한 포인트가 될 것이다.

흡열반응

예열이 끝난 후 설정된 투입온도에 커피를 투입하면 로스팅이 진행된다. 이때 드럼 내부에 투입된 커피는 1차 크랙(Crack)이 일어나기 전까지 많은 열량을 필요로 하기 때문에 필요한 열량만큼 충분히 공급을 하여야 한다. 만약 너무 많은 화력을 공급하면 드럼 내부는 과열될 수 있으므로 주의하여야 한다. 반대로 열량이 부족하게 공급되면 커피콩조직이 팽창되지 않아서 원하는 커피의 맛과 향을 기대하기 어렵다.

발열반응

흡열반응이 끝난 후 1차 크랙(Crack)이 시작되는 시점을 발열반응이라 하며 이때 커피조직은 팽창하기 시작한다. Crack을 Popping이라고도 한다.

1차 크랙(Crack)과 2차 크랙(Crack)

흡열반응을 마친 커피콩조직은 서서히 팽창되기 시작한다. 커피콩의 내부조직은 다공질로 이루어져 있어서 공급한 열량에 따라 커피콩의 조직이 팽창되기 시작한다. 이때 크랙소리가 나는데, 이는 커피를 구성하고 있는 많은 구멍들이 팽창하는 소리이다. 이 시점은 커피콩 내부의 열량이 커피콩 외부로 발산하는 과정이며, 이를 발열반응이라고 한다. 발열반응이 일어나기 시작하면 흡열반응 때 주었던 화력보다 약하게 줄여야 한다. 화력을 줄일 때는 드럼 내부의 온도가 떨어지지 않도록 주의한다.

05 로스팅 실전 ③ – 로스팅 과정 중 나타나는 변화

색(color)의 변화

그린색을 가진 커피콩은 로스팅(Roasting)이 시작되면서 컬러의 변화가 일어나게 된다. 로스팅(Roasting)이 시작되면 하얀색으로 먼저 변하여 커피콩의 수분이 증발하기 시작한다. 하얀색 커피콩은 노란색으로 변하면서 점점 짙은 노란색으로 바뀌게 되며 곧 옅은 브라운에서 짙은 브라운(Dark Brown)으로 변화된다. 이때 메일라드반응과 갈변현상이 일어난다.

메일라드반응(Maillard Reaction)은 비효소적 갈변으로 온도에 의해 갈변현상을 일으킨다. 이 단계에서 커피의 맛과 향이 탄생한다.

향의 변화

신선한 커피상태의 향은 맵고 풋향이 강하게 나며 오래된 커피콩은 향이 전혀 나지 않는다. 이런 커피콩은 로스팅이 시작되면서 몇 번의 향의 변화과정을 거치게 된다. 커피콩의 컬러가 하얀색으로 변하는 순간 커피콩의 향은 비릿하게 변하고 점점 줄어들면서 노란색으로 변하며 달콤한 단향을 발산하게 된다. 오븐에 쿠키 또는 빵을 굽는 듯한 달콤한 향, 견과류를 볶는 듯한 향, 설탕을 졸일 때 느낄 수 있는 캐러멜향 등을 느낄 수 있다. 노란색을 거친 후 브라운 단계로 변하는데, 이때는 코끝을 자극하는 강한 신향으로 또 한 번 변화된다. 그 후 짙은 브라운으로 진행될 때 커피가 가지고 있는 고유향이 나타나기 시작하며 다크브라운 단계까지 진행되면 커피 본래의 좋은 향은 모두 사라지고 탄 향만 강하게 느끼게 된다. 커피콩에서 느끼는 단순한 향에서부터 로스팅 과정을 통해 변화무쌍한 향을 느끼게 해주는 이것이 커피만의 매력이다.

무게의 변화

커피콩이 가지고 있는 수분은 로스팅이 진행되면서 증발하기 시작하며 로스팅이 더 진행되면 수분이 점점 많이 증발하게 된다. 로스팅한 결과물을 비교해 볼 때 약하게 볶은 커피보다 강한 볶음의 커피가 훨씬 가볍게 느껴지는 이유가 이 때문이다. 볶음도에 따라 수분의 함량 변화를 정리해 보면 다음과 같다.

_ 커피콩 1kg을 로스팅한 경우

- 약볶음 : 850g

- 중볶음 : 800g

- 강볶음 : 700~750g 정도를 얻을 수 있다.

부피의 변화

커피콩 본래의 크기는 로스팅 과정을 거치면서 부피가 늘어나게 되는데, 이는 커피콩 조직의 팽창과 관련이 있다. 약하게 볶은 커피보다 진하게 볶은 커피가 부피가 많이 늘어나 있음을 알 수 있다. 그러나 커피콩 조직의 팽창은 2차 크랙이 진행되면서 커피콩 표면에 커피의 기름성분이 흘러나오기 시작하면 팽창을 멈추게 된다.

모양의 변화

조밀도가 강한 커피콩과 조밀도가 약한 커피콩을 동시에 같은 드럼에 넣고 로스팅할 경우 나타나는 현상이 있다.

- 수분이 10% 이상인 조밀도가 강한 빈 : 노란색으로 변하는 시점이 되면 커피콩의 표면은 수분이 증발하고 남은 주름이 많이 발생하는 것을 확인할 수 있다. 이때 발생한 주름은 로스팅이 진행되면서 점점 펴지기 시작해서 커피콩의 표면에 기름성분이 표출되기 전까지 완전히 펴지게 된다.

- 수분이 10% 이상인 조밀도가 약한 빈 : 노란색으로 변하는 시점에서 비교해 보면 깊은 주름은 생기지 않으며 옅고 가는 주름이 발생한다. 이는 커피콩의 조밀도에 따라 주름이 많고 적음이 나타나기 때문이다.

◉ _커피콩의 변화

색	처음 열을 가하면, 천천히 노르스름해지다가, 온도가 높아질수록 색의 변화가 빨리 일어나며, 짙은색으로 일정하게 변한다.
내부색의 변화 정도	Roasting을 빨리할수록 변화가 크며, Roasting 정도가 낮을수록 심하게 나타난다.
구조	CO_2 Gas가 다량 방출되면서 다공성 구조를 가진다.
CO 밀도	Green Coffee Bean : 550~770g/ℓ Roasted Coffee Bean : 300~450g/ℓ
수분	Roasting 정도가 높아질수록 수분함량이 적어진다.
유기성분의 손실	주로 탄수화물, 트리고넬린, 아미노산 등을 말하며, 160℃ 이상에서 손실이 많아진다. CO_2 방출은 Roasting 후에도 일정기간 지속된다.
휘발성분(향)	약하게 Roasting 시 최대치를 나타내며, 중간 Roasting 이상에는 생성보다 소멸이 더 많아진다.

◉ _화학적 성분의 변화

Caffeine	중 Roasting과 강 Roasting 사이에서 승화작용으로 인해 아주 소량 감소한다.
Trigonelline	Roasting 정도에 비례해서 감소하여 향 성분이 생성
Amino Acids	CO_2 방출하면서 분해되고, 다른 물질과 반응하여 휘발성 향성분을 생성
Proteins	일부가 Melanoidins로 변환됨
Chlorogenic Acids	휘발성 향성분과 중합성분(Melanoidins)을 생성하면서 방출
Carbohydrates	점차적으로 수용성 다당류(Polysaccharides)로 변환, 갈색물질(Melanoidins, Caramel)로 변환
Sucrose	휘발성 물질과 Caramel로 변환
Lipids	세포벽의 붕괴로 인해 지질이 Coffee Bean의 표면으로 이동

06 로스팅 실전 ④ – 수망을 이용한 로스팅 실습

수망은 가정에서 편리하게 커피를 볶을 수 있는 로스팅 기구의 일종으로 손잡이가 있는 둥근 망이다. 비교적 저렴한 가격으로 로스팅을 체험하고 즐길 수 있는 장점이 있으며, 커피를 볶는 방식은 직화식에 해당된다. 몇 가지 주의점만 잘 숙지한다면 만족할 만한 결과를 얻을 수 있다.

수망 로스팅 실전 전 준비사항

- 수망은 대, 중, 소 3가지 크기가 있으며 자신에 맞는 크기를 정하면 된다. 가능하면 큰 사이즈를 사용하는 것이 좋다. 그 이유는 큰 사이즈로 커피콩을 볶으면 작은 사이즈의 수망보다는 커피콩의 움직임이 크기 때문에 비교적 잘 볶아진다.
- 자신이 볶을 커피콩을 준비한다. 이때 커피콩은 볶기 쉬운 커피콩과 어려운 커피콩으로 구분하여 준비해 두는 것이 좋다. 처음부터 어려운 커피콩을 로스팅하기보다는 쉬운 커피콩을 이용하여 볶는 과정에서 변화되는 커피콩의 색, 향의 변화, 모양의 변화 등을 체크한 다음 볶기 어려운 커피콩을 나중에 볶으면서 차이점을 느끼고 발견할 수 있다.
- 볶은 커피를 빨리 식힐 수 있는 소형 선풍기 또는 찬바람이 나오는 헤어드라이기를 준비한다. 볶은 커피는 뜨거운 열을 지니고 있어서 빨리 식혀주지 않으면 자신이 생각했던 로스팅 포인트보다 더 진하게 볶음이 진행되기 때문에 잘못된 결과를 얻을 수 있다.
- 기타 준비물 : 면장갑, 휴대용 가스레인지, 볶은 커피 받을 체망, 나무주걱 등

수망 로스팅 방법

- 준비된 커피콩을 수망 안으로 넣는다. (주의사항 : 수망바닥에 커피콩이 깔리는 정도가 적당하다.)
- 휴대용 가스레인지에 점화를 한 후 수망을 좌우로 골고루 흔들어 준다. (주의사항 : 수망을 상하로 움직이는 것은 금물이다.)
- 수망을 흔든 후 수분이 나오면 커피콩의 색이 노란색으로 변하기 시작한다.
- 노란색으로 변한 후 갈색으로 변화되면서 1차 크랙이 일어나기 시작한다.

- 1차 크랙이 일어난 후 좌우로 계속 흔들어 주면 2차 크랙이 일어나면서 커피콩의 표면에 지방성분이 나타나기 시작한다.

수망 로스팅 시 주의할 사항

- 수망의 크기에 맞게 커피콩을 넣어야 한다. 이상적인 커피콩의 양은 수망 크기의 1/3 정도가 좋다.
- 가스 불과 항상 일정한 높이를 유지하여야 한다. 일반적으로 불과의 높이는 10~15cm 정도가 이상적이다. 1차 크랙이 일어나면 현재 화력보다는 1/3 정도 줄인다. 2차 크랙이 일어나면 1/3화력 기준으로 다시 1/2 정도로 줄인다.
- 로스팅이 진행되면 수망을 많이 움직여서 수망 내부에 있는 커피콩도 많이 움직여야만 커피콩이 타지 않고 골고루 잘 볶아지게 된다.

- 로스팅이 진행되면 생두에 붙어 있던 실버스킨(은피)이 분리되기 시작하며 잘게 부수어져 떨어지게 된다. 따라서 로스팅을 위한 공간확보가 필요하며 로스팅 후 정리하여야 한다.

07 로스팅 실전 ⑤ – 로스팅 머신을 이용한 로스팅

로스팅 머신의 부분 명칭 및 역할

- 호퍼 : 커피를 담아놓는 곳
- 호퍼 개폐스위치 : 드럼 내부로 커피를 투입하는 스위치
- 확인봉 : 로스팅 진행상황을 체크하는 봉
- 확인창 : 로스팅 진행상황을 체크하는 유리창문
- 드럼 개폐구 : 로스팅이 끝난 후 드럼 내부의 볶은 커피를 배출하는 역할
- 냉각판 : 로스팅 후 뜨거운 원두를 식혀주는 역할
- 댐퍼 : 드럼 내부의 공기흐름, 연기, 분리된 실버스킨 등을 배출하는 기능
- 전원스위치 : 로스터에 전력을 공급하는 역할
- 가스압력스위치 : 드럼에 공급하는 화력을 조절하는 스위치
- 가스압력계 : 공급되는 가스압력을 나타내는 역할
- 점화스위치 : 버너에 불을 붙이는 역할
- 연통

호퍼와 개폐스위치	로스터 1	개폐레버
계기판	연통	압력계
냉각기	댐퍼	찌꺼기통

로스팅하기 전에 알아두어야 할 사항

_ 용량

로스팅할 수 있는 기구 또는 머신의 용량을 체크하여야 한다. 3kg 로스팅 머신의 경우를 예로 들어보면 다음과 같다.

- 최대용량 : 한 번 볶을 때 최대 투입량이 3kg인 것을 말한다.
- 최소용량 : 한 번 볶을 때 최소 투입할 수 있는 양을 말한다. 즉, 최대용량 대비 50%인 1.5kg이다.
- 효율적인 용량 : 로스팅 머신을 가장 효율적으로 사용할 수 있는 적정용량을 말한다. 즉, 최대용량 대비 80%인 2.4kg이다.

예열

수망을 이용하여 커피를 볶을 경우에는 예열시간이 필요하지 않으나 로스팅 머신을 이용할 경우에는 절대적으로 필요한 시간이다. 커피를 볶아주는 둥근 드럼을 약한 화력으로 최소한 30분 이상 가열하여야 한다. 충분히 예열 된 드럼은 만족할 만한 결과를 줄 수 있으며 실제로 예열되지 않은 상태로 로스팅하게 되면 커피가 잘 볶아지지 않는 현상이 나타난다.

커피의 평가

커피는 품종에 따라 맛과 향의 차이가 있으므로 로스터는 로스팅하기 전에 볶을 커피콩의 품종을 체크하는 것이 무엇보다도 중요한 사항이다. 커피의 품 질을 구분하는 것은 어려운 과정이지만 각 품종별 모양의 특징을 알고 있으면 조금은 쉽게 구분할 수 있다.

- 타이피카(Typica) : 커피콩의 모양이 타원형으로 길며 옆면의 두께가 얇은 편이다.
- 버번(Bourbon) : 전체적으로 둥글고 고지대에서 재배된 품종이 저지대에 서 재배된 품종보다 옆면의 두께가 두꺼운 편이다.
- 카투라(Catura) : 생긴 모양은 버번종과 매우 유사하게 보이나 센터 컷 끝 부분이 활처럼 휘어진 것이 특징이다.

이와 같이 커피콩은 품종에 따라 약간 다른 모양을 가지고 있으나 커피콩을 많이 보고 만지고 경험한다면 그렇게 어려운 부분이 아니다. 커피콩의 수확 연수를 뉴크롭 > 패스트크롭 > 올드크롭 순으로 체크한다. 또한 가공방법도 다음과 같이 체크한다.

_ 커피콩

- 내추럴(natural) 건조 : 전체 커피콩은 색깔은 노란색이며 실버스킨 색깔은 노란색이나 브라운색을 띤다.
- 워시드(washed) 건조 : 전체 커피콩의 색깔은 그린색이며 실버스킨 색깔은 은색이나 흰색을 띤다.

로스팅 포인트 결정

생산지별 로스팅 포인트는 로스터의 기준에 따라 다를 수 있다. 그러나 분명한 것은 생산지별 커피가 가지고 있는 맛과 향을 표현하는 포인트가 있다는 것이다. 예를 들면, 맛을 표현할 것인가 또는 향을 표현할 것인가에 따라 로스팅 포인트는 달라진다. 일반적으로 향을 표현하기 위한 로스팅 포인트는 약한 볶음을 하여야 하며 반대로 맛을 표현하기 위해선 약한 볶음보다는 조금 강한 볶음을 하여야 한다. 이와 반대로 로스팅 포인트를 정한다면 표현하고자 하는 맛과 향이 엉뚱하게 나타날 수 있다. 따라서 로스터는 생산지 커피를 다양한 로스팅 포인트로 볶아서 날짜가 지나면서 맛과 향의 변화가 어떻게 나타나는지를 세밀히 관찰하고 기록해 놓아야 한다. 이러한 방법으로 기록하고 정리한다면 자신만의 로스팅 포인트를 정할 수 있으며 또한 대중이 좋아하는 로스팅 포인트도 알아낼 수 있다.

생산지 커피의 맛과 향을 정확히 파악하고 정리하기 위해서는 오래된 커피콩보다는 수확한 지 1년이 안된 뉴크롭을 사용하는 것이 보다 유리하다.

로스팅 정도	#95	#85	#75	#65	#55	#45	#35	#25
	←— 약볶음 —→		←——————— 중볶음 ———————→				←— 강볶음 —→	
브라질 N					●			
브라질 W			●					
예멘모카 N					●			
예멘모카 W			●					
탄자니아 킬리만자로				●				
케냐 W						●		
코스타리카 타라주			●					
과테말라 안티구아						●		
콜롬비아 메멜린/후일라						●		
콜롬비아 나리뇨/아르메니아				●				
인도네시아 토라자칼로시				●				
인도네시아 만델링							●	
하와이 코나			●					
자메이카 블루마운틴			●					

주: 생산지별 커피의 로스팅 포인트(에그트론 #95~#25). 에그트론(Agtron)은 로스터들이 사용하는 명도를 구별할 수 있는 색깔표로 안정적인 로스팅을 위한 장비이다.

08 로스팅의 단계별 특징

로스팅 정도에 따라 커피의 맛과 향의 차이점이 뚜렷하게 나타나므로 커피의 특징에 맞게 로스팅 포인트를 정해야 한다.

로스팅 단계	특 징	에그트론
Very Light	옅은 갈색을 띠며 신맛(Acidic)이 강하고 향(Aroma), 바디(Body)감은 약하다. 매우 약하게 볶은 상태를 말한다.	#95
Light	신맛(Acidic)이 강하고 원두의 표면은 건조한 상태이며 커피의 단점을 체크할 수 있다.	#85
Moderatery Light	신맛(Acidic)을 느낄 수 있으며 견과류 맛이 난다.	#75
Light Medium	신맛(Acidic)은 조금 약하고 바디(Body)감이 나타나는 시점이다.	#65
Medium	신맛(Acidic)이 거의 사라지고 더 뚜렷한 품종의 특성이 나타난다.	#55
Moderatery Dark	단맛(Sweetness)이 강해지고 원두표면에 Oil이 비친다.	#45
Dark	품종의 특징이 줄어들고 Body감을 강하게 느낄 수 있다.	#35
Very Dark	바디(Body)감과 단맛(Sweetness)은 줄어들고 쓴맛(Bitters)이 강해진다.	#25

_로스팅 과정

건조 Drying Phase → 볶기 Roasting Phase → 냉각 Cooling Phase

커피의 등급 및 분류

커피의 등급 및 분류

01 커피의 분류

커피 생산국에서 수확한 커피의 분류기준은 각 생산국의 기준에 따르고 있다. 각 생산국의 규정된 분류기준은 생산자(판매자)와 사용자(구매자) 간의 커피 유통 시 편리함을 위한 것이다. 일반적으로 분류의 등급을 부여하는 과정은 주관적인 기준인 맛보다는 얼마나 결함이 없는 커피콩인가에 비중을 두고 있다.

재배고도

커피가 재배되는 고도에 따라 등급이름이 주어진다. 재배고도에 따라 커피의 맛과 향에 영향을 준다. 높은 고도는 일교차가 커서 낮은 고도의 커피보다 밀도가 높아진다. 또한 낮은 고도보다 좀 느리게 성숙하며, 신맛이 더 강하고 맛과 향이 풍부하다.

◉ _생두의 재배고도에 따른 분류

국가	Grade		생산고도(해발)
멕시코	SHG	Strictly High Grown	1,700m 이상
	HG	High Grown	1,000~1,600m
온두라스	SHG	Strictly High Grown	1,500~2,000m
	HG	High Grown	1,000~1,500m
과테말라	SHB	Strictly Hard Bean	1,400m 이상
	HB	Hard Bean	1,200~1,400m
코스타리카	SHB	Strictly Hard Bean	1,200~1,650m
	GHB	Good Hard Bean	1,100~1,250m

◉ _미국 스페셜티커피협회 SCAA(Specialty Coffee Association of America)기준 분류표

Grade	불량콩(Defect Beans) 수	Cupping Test
Class 1–Specialty Grade	0~5	90점 이상
Class 2–Premium Grade	0~8	80~89
Class 3–Exchange Grade	9~23	70~79
Class 4–Below Standard Grade	24~86	60~69
Class 5–Off–Grade	86 이상	50~59

결점두

내추럴 가공방법으로 커피를 생산하는 국가들에서는 불량콩의 수에 따라 등급을 분류한다. 300g 커피 중에 포함된 불량콩의 수에 따라 브라질은 No. 2~6, 에티오피아는 Grade 1~8, 인도네시아는 Grade 1~6으로 분류하고 있다.

◉ _ 커피의 불량콩(Defect Coffee Beans) 수에 따른 분류(생두 300g 기준)

국가	불량콩(Defect Beans) 수	Grade
브라질	4~86개	No. 2~No. 6
인도네시아	11~225개	Grade 1~Grade 6
에티오피아	3~340개	Grade 1~Grade 8

커피콩의 크기에 따라서도 분류등급이 나뉜다.

◉ _ 커피콩의 크기에 따른 분류표(1 Screen Size=1/64inch(약 0.4mm))

Screen No.	Screen Size (mm)	국가	Grade	Screen No.
10	3.97	Hawaii	Kona Extra Fancy	19
11	4.37	Hawaii	Kona Fancy	18
12	4.76	Hawaii	Kona Fancy	18
13	5.16	Kenya	AA	18
14	5.55	Kenya	AA	18
15	5.95	Kenya	AB	15~16
16	6.35	Tanzania	AA	18 이상
17	6.75	Tanzania	AA	18 이상
18	7.14	Tanzania	A	17~18
19	7.54	Colombia	Supremo	17 이상
20	7.94	Colombia	Excelso	14~16

혼합커피(Coffee Blending)

인간의 혀는 4가지 맛을 동시에 맛볼 수 있다. 이 4가지의 맛을 동시에 충족시키기 위해 Blending이 발전하였다.

향커피

향커피란 커피에 특정한 향을 섞은 커피를 말한다. 물론 블렌드 커피의 일종이기도 하다. 즉, 두 가지 이상의 커피를 혼합한 블렌드 커피에 한 가지 이상의 향을 첨가시킨 커피라는 것이다. 향은 천연향과 인공향 시럽이 있다.

향을 첨가하는 방법은 커피에 커피무게의 2~3%에 해당하는 향시럽을 버무리듯 섞어준다. 향커피를 일컬어 화장커피, 패션커피라고도 부르는데 물론 비하하는 의미가 내포되어 있다. 그러나 이왕에 커피의 한 종류로 상품화되어 있는 커피이다 보니 커피회사들은 나름대로 소비자들의 입맛을 사로잡을 수 있는 보다 고급스러운 향커피를 생산하기 위해 노력하고 있으며, 그 결과 최근의 향커피는 그 맛과 향이 상당히 향상되어 일부 계층에서는 가끔씩 이 향커피를 즐기고 있다. 향커피가 본격적으로 생산, 판매된 계기는 커피로 판매하기에는 조금 품질이 부족한 커피의 고급 상품화 전략이었으며, 바로 이러한 개발동기로 인해 외국에서는 보통 향커피는 인기가 없으나, 우리나라에서는 향커피가 오히려 더 많은 인기를 누린 적이 있다. 오늘날에도 향커피는 커피보다 그 품질이 떨어지는 경우가 많다.

그 이유는 첫째, 향 그 자체에 있으며 둘째는 강한 향으로 인해 커피 본래의 품질이 일부 감추어질 수 있다는 이유로 저급한 커피의 블렌딩이 사용되기도 하기 때문이다.

물론 고급 향커피의 경우는 100% 화학향이 아닌 천연 추출향을 일부 사용한 인공향과 고급 커피만을 사용한 경우도 있다. 아쉬운 것은 이러한 고급 향커피가 그렇지 않은 향커피보다 적다는 것이다. 향커피는 사용되는 향의 종류에 따라 그 이름이 만들어지는데 헤이즐넛, 아이리쉬, 초코 헤이즐넛, 바닐라 넛 크림 등을 예로 들 수 있다.

_ 향커피의 제조

향커피의 제조과정은 의외로 단순하다. 로스팅된 커피에 적당량의 향시럽을 버무리듯 섞어주는 것이다. 향커피 제조과정에서 중요한 것은 적합한 향시럽의 선택과 적절한 혼합비율 그리고 커피와의 혼합시점과 혼합된 향시럽이 얼마나 적절히 커피 속으로 스며들어 갔는가 하는 것이다. 적합한 향시럽의 선택이란 알맞은 맛과 향뿐만 아니라 식품재료로서도 적합해야 한다는 것으로 너무나도 당연하다. 적절한 혼합비율이란 '커피와 향의 배합비율'뿐만 아니라 '두 가지 이상의 향시럽끼리의 혼합비율'도 의미한다. 즉, 커피에 첨가되는 향시럽도 블렌딩한 향시럽을 사용하기도 한다는 것이다. '초코 헤이즐넛'이라는 향커피는 초콜릿 향시럽과 헤이즐넛 향시럽을 블렌딩한 후 커피와 버무린 것이다.

커피와 향시럽의 배합시점에는 세 가지가 있다. 첫째는 로스팅 과정에서 향시럽을 첨가하는 방법이다. 보다 강한 향이 커피에 스며들게 하고 그 향이 커피 원두 속에 갇혀 있게 함으로써 추출된 커피에서 강한 향이 살아나게 하는 방법이다.

둘째는 막 로스팅이 끝난 80~90℃ 정도의 뜨거운 커피에 향시럽을 첨가하는 것이다. 이렇게 스며든 향시럽은 뜨거운 커피가 냉각되면서 커피 속에 갇히게 된다.

이 방법 또한 커피가 분쇄되고 커피로 추출될 때 강한 향이 나타난다.

셋째는 완전히 냉각되고 1~2일 정도의 숙성기간을 거친 원두에 향시럽을 첨가하는 것이다.

즉, 상품으로 포장되기 하루 전 정도에 향시럽을 첨가하는 것으로 첫째, 둘째 방법에 비해 향의 흡수효과는 떨어지고 추출된 커피에서도 강하지 않은 은은한 향이 나타나는데 이 방법의 장점은 신선한 커피를 가지고 필요에 따라 그때그때 여러 가지 향커피를 만들어낼 수 있다는 것이다.

카페인 제거 커피

커피에 함유된 카페인에 예민하게 반응하는 사람들을 위해서 카페인 제거 커피가 개발되었으며, 카페인은 이 과정에서 97%가 제거된다. 아울러 카페인 제거과정에서 커피 본래의 향도 약간의 손실을 감수해야 하는데 그 정도는 카페인 제거과정이 얼마만큼 정밀하게 시행되느냐에 달렸다. 커피명에는 보통 'de-caf' 표시를 한다.

레귤러 커피

혼합커피나 향커피에 대비되는 개념으로 커피를 본래 그대로 음용하는 것이다. 즉 이공적인 가공을 하지 않은 순수한 커피를 말하는 것으로 커피의 순수하고도 진정한 맛과 향을 즐길 수 있는 커피이다. 일반적으로 '인공향을 첨가하지 않은 블렌드 커피'라는 의미로 사용된다.

02 생산지별 분류

스트레이트(straight) 커피에 쓰인 이름은 대개 생산지에 따라 정해진다. 생산지에 따른 명칭 이외에 커피 농장명이나, 가공법, 등급 등이 추가로 붙어 있다면 품질을 보증할 수 있는 커피라는 뜻이다.

대표적 산지 표시 커피는 자메이카 블루마운틴, 하와이안 코나, 과테말라 안티구아 등이 있으며, 주로 산지의 명성이 높은 고품질의 커피이다.

수출 항구를 표시하는 커피도 있는데, 브라질의 산토스, 예멘의 모카가 유명하다.

커피나무는 적도를 중심으로 남, 북위 25도 사이의 열대지역에서 생산된다.

중앙아메리카

열대에 속하는 이 지역은 두 개의 조산지대가 만나는 지형으로 200여 개가 넘는 활화산과 휴화산, 그리고 고원지대로 이루어져 있다. 따라서 커피가 자라기에 최적의 토질과 기후조건을 가지고 있어서 품질 좋은 커피들이 많이 나기로 유명하다.

이 지역은 강우량이 충분하고 물이 풍부해서 수세가공을 많이 하고 있다. 지대의 특성상 고도가 높으므로 아라비카(Arabica)를 중심으로 재배한다. 일교차가 큰 고지대인데다 화산의 영향을 받는 곳이 많기 때문에 대체로 신맛이 좋고, 플레이버(Flavor)는 강하지 않은 편이며 향이 좋다.

_ 자메이카

카리브 해에 위치한 자메이카는 연중 강수량이 고르고 토양의 물 빠짐이 좋아 커피 재배에 이상적인 환경을 갖추고 있다. 이곳에서 생산되는 커피는 신맛과 단맛, 향의 밸런스가 매우 잘 잡혀 있다. 높은 가격과 희소성 때문에 '커피의 황제'라고 불리지만 품질에 비해서 과대평가되었다는 평도 있다.

_ 멕시코

18세기부터 커피를 생산해 왔으며 커피 벨트를 벗어나는 북부를 제외한 남부지방을 중심으로 재배가 이루어지고 있다. 국토의 많은 부분이 고산지대에 속하기 때문에 커피를 재배하기에 아주 좋은 조건을 갖추고 있다. 전통적으로 멕시코의 커피는 약한 바디와 드라이한 느낌, 깨끗한 산미 등을 가지고 있어서 가벼운 화이트 와인에 비견되기도 한다. 수세식 처리를 한 아라비카(Arabica)종이 주로 생산된다.

_ 멕시코 커피의 등급분류

등급		재배지 고도
SHG	Strictly High Grown	해발 1,700m 이상
HG	High Grown	해발 1,000~1,600m
PW	Prime Washed	해발 700~1,000m
GW	Good Washed	해발 700m 이하

_ 쿠바

아시아와 유럽, 특히 일본과 프랑스에 생산량의 약 80% 정도가 수출된다. 신맛과 쓴맛이 매우 잘 조화되어 있다고 알려져 있다. 1800년대 초반에는 커피 농장이 2천 개에 달할 정도로 광범위하게 커피를 재배하였으나, 1900년대부터 설탕 중심산업으로 자리 잡고 정치적으로 불안정해지면서 재배가 많이 줄었다.

_ 엘살바도르

토양이 비옥하고 국토의 많은 부분이 고산지대에 위치하고 있어서 커피 재배에 천혜의 조건을 가지고 있다. 좋은 산미와 잡미가 없는 깨끗한 맛이 특징이다. 그동안 정치적으로 불안정하여 커피 애호가들에게 잘 알려지지 않았다. 그러나 2000년대에 접어들면서 오히려 불안정한 정치상황 때문에 품종 개량이 이루어지지 않아 구품종(재래종)을 기르고 있다는 점이 부각되면서 이 구품종들이 풍부한 맛으로 각광받고 있다.

_ 파나마

파나마 운하로 우리에게 익숙한 나라로 예전부터 좋은 품질의 커피를 생산해 오던 지역이다. 가벼운 바디와 달콤한 느낌이 특징이다. 재래종 커피를 중심으로 생산하면서 2000년대 들어 파나마에서 재배한 게이샤종의 명성이 높아지고 있다. 게이샤 이외의 커피도 품질이 높아 평이 아주 좋은 편이다.

_ 과테말라

중앙아메리카 커피 가운데 가장 유명하다. 풍부한 강우량과 화산성 토양으로 커피 재배에 천혜의 조건을 가지고 있다. 산뜻한 산미, 좋은 바디감과 향 등 고급 커피가 지녀야 할 기본 조건을 충실히 갖추고 있다. 안티구아(Antigua), 우에우에테낭고(Huehuetenango) 등이 커피산지로 유명하다.

등급		재배지 고도
SHB	Strictly Hard Bean	해발 1,400m 이상
HB	Hard Bean	해발 1,200~1,400m
SH	Semi Hard Bean	해발 1,000~1,200m
EPW	Extra Prime Washed	해발 900~1,000m
PW	Prime Washed	해발 750~900m
EGW	Extra Good Washed	해발 600~750m
GW	Good Washed	해발 600 이하

남아메리카

커피 생산의 주류라고 할 수 있는 지역이다. 비옥한 토양과 좋은 강수 조건을 갖추고 있어 품질 좋은 커피를 생산하기에 적당하다. 오래전부터 많은 커피를 생산하고 있고 지금도 커피의 물량을 결정짓는 지역이다. 대부분 수세식 가공 아라비카를 중심으로 생산하고 물이 부족한 일부 지역에서는 자연건조방식을 사용하기도 한다.

_ 콜롬비아

쓴맛과 신맛이 강하고 품위가 느껴지는 커피이다. 특히 향기가 좋으며 '가난한 자의 블루마운틴'이라는 애칭으로 불리기도 한다. 마일드 커피(mild coffee)의 대명사로 불린다. 품종은 베리드 콜롬비아(Varied Colombia)와 카투라(Catura)를 중심으로 재배하고 있다.

등급	Screen Size(1 screen=0.4mm)
수프레모(Supremo)	17 이상
엑셀소(Excelso)	14~16
U.G.Q(Usual Good Quality)	13
Caracoli	12

_ 페루

남미에서 유기농 커피를 가장 많이 생산하는 국가로 알려져 있다. 신맛과 단맛의 조화가 좋으며, 배합용으로 주로 사용된다.

_ 볼리비아

정치적인 상황이 불안정해 커피의 품종 개량과 수출이 많이 이루어지지 못했으나 커피 로스터들 사이에서 좋은 커피라고 입소문이 나 있다. 근래 들어 어느 정도 정치적으로 안정되면서 널리 알려지기 시작했다. 신맛이 강하고 향이 좋으며, 깨끗한 느낌을 주는 커피이다.

_ 브라질

세계 커피 생산량의 1/3 이상을 차지하는 나라이다. 부드러운 산미와 깊은 향, 적절한 바디감이 있어 블렌딩 베이스로 많이 쓰인다. 혀에 닿는 감촉이 부드럽고 밸런스가 좋다. 문도노보(Mungo Novo)종이 생산량의 80%를 차지한다. 주요 브랜드명으로는 산토스 No. 2, 모지아나Mogiana, 세라도Cerrado, 미나스Minas 등이 있다.

등급	결점두(생두 300g당)
No. 2	4개 이하
No. 3	12개 이하
No. 4	26개 이하
No. 5	46개 이하
No. 6	86개 이하

● _ 맛에 의한 분류

분류	내용
Strictly Soft	매우 부드럽고 단맛이 느껴짐
Soft	부드럽고 단맛이 느껴짐
Softish	약간 부드러움
Hard, Hardish	거친 맛이 느껴짐
Rioy	발효된 맛이 느껴짐
Rio	암모니아향, 발효된 맛이 느껴짐

아시아

커피를 생산하는 아시아 지역은 강수량이 풍부하고 온도 분포가 고르다. 이런 기후환경 때문에 다른 지역의 커피들과 달리 강한 바디감, 깊은 향, 그리고 부드러운 질감을 가지고 있어 많은 사랑을 받고 있다. 넓은 지역만큼이나 특색 있는 표정을 가진 다양한 커피들을 만나볼 수 있다.

_ 베트남

로부스타종의 최대생산지이다. 강한 맛과 묵직한 무게감, 고소한 맛 등이 특징이다. 또 독특한 향을 많이 함유하고 있어 맛이 잘 변질되지 않기 때문에 맛의 형태를 인상적으로 만들고 싶은 에스프레소 블렌딩이나 가공공정에서 향을 많이 잃어버리게 되는 인스턴트커피 생산에 많이 사용한다.

_ 인도네시아

인도네시아는 로부스타(Robusta)종이 많이 생산된다. 수세식 가공 로부스타는 WIB라는 이름으로 유명하다. 로부스타(Robusta)종이지만 바디(Body)감이 약하고 가볍다(Light)는 인상을 준다. 21세기에 접어들어서는 전통적인 자연건조식으로 가공된 아리비카(Arabica)종의 커피가 전 세계적으로 관심과 각광을 받고 있다. 좋은 쓴맛과 탄탄한 바디감이 특징이다. 수마트라 만델링(Sumatra Mandheling), 자바(Java), 술라웨시 토라자(Sulawesies Toraja) 등의 브랜드가 유명하다.

등급	결점두(생두 300g당)
Grade 1	11개 이하
Grade 2	12~25개
Grade 3	26~44개
Grade 4a	45~60개
Grade 4b	61~80개
Grade 5	81~150개
Grade 6	151~225개

_ 인도

로부스타(Robusta)의 경우 초콜릿 향이 강하고 바디가 좋아 매우 선호되고 있으며, 수세 가공 로부스타(Robusta)와 자연건조 로부스타(Robusta) 모두 명성이 높다. 아라비카는 단맛과 약한 산미, 좋은 바디감이 특징이다. 몬순(Monsoon)의 경우 고온 고습에서 약하게 발효시켜 산미가 억제되고 가공공정에서 얻어진 독특한 맛이 난다. 이 맛 때문에 유럽 지역에서 에스프레소 커피 블렌딩에 많이 쓰기도 한다. 아라비카(Arabica)는 수세 가공 중심으로 생산한다.

인도네시아 만델링   콜롬비아 안티구아 수프레모   탄자니아

_ 동티모르

20세기 초 커피나무에 발생하는 심각한 질병 중 한 가지인 녹병에 대항하기 위해서 개발되었던 품종인 티모르종이 주종이다. 약한 신맛과 쓴맛이 특징이다. 오랜 식민지 지배의 역사 때문에 생산여건이 열악해 대체로 품질이 안정되지 않았다는 평가가 많다. 하지만 신생 독립국을 위한 지원과 공정무역 지원을 받고 있어서 고품질의 커피 생산이 가능할 것으로 기대되고 있다.

_ 중국

20세기 초부터 커피를 재배해 왔다. 특히나 윈난 성의 경우 겨울에도 15도

이상을 유지하는 지역으로 커피를 재배하기에 최적의 조건을 갖추어 중국 커피의 80% 이상을 재배하고 있다. 윈난 커피는 바디가 풍부하여 향신료와 같은 자극이 있고, 에스프레소 블렌드에 좋다는 평가를 받고 있다.

_ 하와이

하와이는 충분한 강수량, 온도, 그리고 화산재 지형 등 커피 생육을 위한 가장 최적의 조건을 지녔다는 평가를 받고 있다. 코나 섬에서 재배되는 커피는 품질이 좋기로 정평이 나 있다. 고급스러운 신맛과 단맛, 적절한 풍미를 갖추어 자메이카 블루마운틴, 예멘 모카 마타리와 함께 세계 3개 커피로 불린다. 철저한 품질관리가 이루어지고 있어서 품질이 고르고 좋다. 가격이 매우 높다는 것이 유일한 단점이다.

등급	Screen Size (1 screen=0.4mm)	결점두(생두 300g당)
Kona Extra Fancy	19	10개 이내
Kona Fancy	18	16개 이내
Kona Caracoli No.1	10	20개 이내
Kona Prime	No size	25개 이내

아프리카, 중동

아프리카와 중동은 커피가 발견된 곳이자 커피 재배의 중심지이다. 이 지역에서 생산되는 수세 가공 아라비카(Arabica)는 대체로 신맛이 좋고 매우 향기롭지만 바디가 약하다. 자연건조식 아라비카(Arabica)는 단맛과 풍부한 맛이 있으며 밸런스가 좋다. 향도 매우 좋으며 균형 잡힌 맛을 느낄 수 있다.

_ 에티오피아

물이 부족한 북부지역을 중심으로 자연건조식으로 커피를 많이 생산한다. 일부 물이 풍부한 지역에서는 수세식 가공으로 커피를 생산하는데 고급 커피로 이름이 높다. 맛이 순수한 모카에 가깝고 신맛이 강한 편이다. 과일향과 꽃향도 강하다. 대표적인 커피로 이르가체페(Yirgacheffe), 시다모(Sidamo) 등이 있다.

_ 케냐

세계적으로 가장 유명한 커피 중 하나로 신맛이 강하면서도 품위 있고 향미가 매우 좋아서 커피 애호가들에게 사랑받고 있다. 와인과 비견되는 커피이기도 하다.

등급	Screen size(1 screen=0.4㎜)
E	18 이상
AA	17~18
AB	15~16
C	12~14
T	12 이하

_ 탄자니아

쓴맛과 신맛이 잘 조화를 이루고 있으며, 영국 왕실에서 애호하여 유명해졌던 커피 중 하나이다.

_ 예멘

커피의 대명사라 해도 과언이 아닐 만큼 최고의 명성을 가지고 있는 커피이다. 모카(Moka)라는 이름으로 널리 알려져 있는데 이는 예멘의 커피 수출항 이름이다. 신맛이 매우 좋고 초콜릿 향으로 유명하다.

*예멘에는 수출 가능한 커피가 생산되지 않는다.

03 로스팅(Roasting) 정도에 따른 분류

- 그린 커피빈(Green Coffee Bean) : 아직 볶기 전의 커피향 상태
- 라이트 로스팅(Light Roasting) : 첫 번째 튐(1차파핑)의 바로 앞까지의 볶음상태
- 시나몬 로스팅(Cinnamon Roasting) : 첫 번째 튐의 중간까지의 볶음상태
- 미디엄 로스팅(Midium Roasting) : 첫 번째 튐의 종료 뒤의 볶음상태
- 하이 로스팅(High Roasting) : 콩의 부피가 늘어난 후, 향이 변화하기 바로 앞까지의 볶음상태
- 시티 로스팅(City Roasting) : 향이 변화한 곳에서 두 번째 튐(2차파핑)까지의 볶음상태
- 풀 시티 로스팅(Full City Roasting) : 두 번째 튐 뒤, 짙은 갈색이 되기까지의 볶음상태
- 프렌치 로스팅(French Roasting) : 색이 검은빛 가운데 아직 갈색이 남아있는 볶음상태
- 이탈리안 로스팅(Italian Roasting) : 거의 갈색이 없어지고, 짙은 검은색에 가까운 볶음상태

04 재배 · 정제 방법의 특허에 의한 분류

_ 디카페인 커피(Decaffeinated Coffee)

정제과정에서 카페인을 제거한 커피이다.

_ 유기농 커피(Organic Coffee)

재배방법이 100%에 가까운 친환경적으로 재배된 커피로 재배하면서 농약 등의 화학물을 쓰지 않고 정해진 룰에 따라 경작하는데 3년에 한 해는 쉬는 등의 방법이 동원되는 웰빙커피라고 할 수 있다.

_ 쉐이드그로운 커피(Shade—Grown Coffee)

자연적으로 큰 나무들에 의해서 그늘이 형성되어 친환경적인 재배환경에 의한 생산방법으로, 프랜들리 커피(Friendly Coffee)라 불리기도 한다.

_ 페어트레이드 커피(Fair—Trade Coffee)

공정무역마크가 부착된 커피로서, 다국적기업 등의 폭리적인 면을 없애자는 취지로 만들어지게 되었다.

_ 에코오케이 커피(Eco—OK Coffee)

무차별한 경작이 아닌 주변 자연의 생태계까지 보호 · 유지된 곳의 경작지에서 재배된 생태계유지 커피만이 인증서를 받을 수 있다.

_ 서스테이너블 커피(Sustainable Coffee)

재배지와 커피의 품질이 농장과 정제 등의 관리에 의해 앞으로 더욱 좋아질 것이 유력한 커피를 발전가능성이 확인된 커피로 분류하게 된다.

_파트너십 커피(Partnership Coffee)

농장주와 소비자(커피업자) 서로 간의 신뢰를 바탕으로 한 파트너가 되어 소비자는 투자를 하고 질적 요구를 하며, 생산자는 그에 해당하는 성과에 따른 보상을 받기도 하는 등 서로 상부상조하여 항시 좋은 품질과 원하는 커피를 받을 수 있는 방법으로 릴레이션쉽 커피(Relationship Coffee)라 불리기도 한다.

CHAPTER 7

커핑

Chapter 7 커핑(Cupping)

01 커핑

커핑(Cupping)은 커피의 향미를 평가하거나 등급을 매기는 작업이다. 또한, 컵 테스트(Cup Test)라고도 하며, 커핑하는 전문가를 커퍼(Cupper)라고 부른다.

커피는 생산지역의 기후, 토양, 일조량, 로스팅 등 커피나무가 성장하면서부터 배전되는 모든 과정과 여러 가지 조건들에 의하여 품질이 결정된다. 커피의 향미 성분에는 1,200가지 이상의 화학분자가 들어 있다. 이 화학분자들은 대부분 불안정한 상태로 존재하며, 거의 커피의 로스팅 시 상온에서 방출되어 버린다. 향기성분은 후각으로 평가하며, 입 안에서 느끼는 맛은 혀의 미각 세포를 통하여 평가하게 된다. 또한, 커피성분 중 지질과 섬유질을 이루는 입자들은 불용성이므로, 입 안의 촉각인 풍부함(Flavor)과 Body로 느끼게 된다.

02 커핑 랩(Cupping Lab)

커피의 품질을 평가하는 장소이다. 즉, 커핑을 행하는 장소를 말한다. 커핑 랩의 실내온도는 20~30℃가 적당하고, 습도는 85% 미만이어야 하며, 전체적으로 밝은 분위기여야 한다. 커핑에 영향을 줄 수 있는 냄새, 소리, 빛 등 여러 가지 외부 요인들로부터 차단되어야 한다.

최적의 Cupping 환경	• 직사광선을 피한 채광 • SCAA Golden Cup규정에 따른 최적의 추출수율(1ml당 0.055g) • 생두평가는 Sample이 로스팅된 Agtron 55기준의 홀빈 원두 사용 (Tipping, Scorching 안됨) • 열 살생이 적으며 분쇄도 조절이 용이한 그라인더 사용 • 분쇄는 US 매쉬 시브 사이즈 20에 70~75 통과(약 0.3mm) • 한 Sample당 5컵 사용 • 분쇄 후 15분 이내에 물 붓기(향미 파일손상을 방지하기 위함) • 경도는 125~175ppm의 90~95℃의 물 사용

_ 관능평가에 이용되는 기관

- 시각: 눈으로 보여지는 커피의 상태를 본다.
- 후각 : 분쇄된 커피의 향, 추출된 커피의 향, 마시면서 느끼는 향, 입 안에 남아 있는 향
- 미각 : 단맛, 짠맛, 신맛, 쓴맛
- 촉각(Body) : 커피를 마시고 난 후 입 안에서 느끼는 촉감을 표현한다. 입 안에서 느끼는 끈적끈적한 점도(섬유질)와 매끄럽고 부드러운 감촉(지방)을 표현하는데 이것을 Flavor라고 한다.

03 커핑 순서

커피의 향과 맛, 촉감은 커퍼(Cupper)에게 아주 중요한 평가요소이다. 커피 품질을 평가하는 커퍼(Cupper)는 커피의 커핑 전과 후의 규칙을 정하여 객관적이고 예리한 평가가 나오도록 커핑폼(Cupping Form)을 사용하여야 한다.

_ 분쇄커피 담기

커핑하기 전 24시간 이내로 로스팅된 재료를 준비해야 한다. 커핑컵은 최소 3~5개의 컵이 준비되어야 하며, 분쇄는 커핑하기 전 15분 이내에 신선한 재료로 준비해야 한다.

_ 향기(Fragrance)

코를 컵 가까이에 대고 커피에서 나오는 여러 가지 기체를 들이마신다. 탄산가스를 포함한 기체의 향기 특성을 깊이 있게 평가한다.

_ 물 붓기(Pouring)

물의 온도는 93~95℃로 끓여 식혀서 사용하는 것이 중요한 포인트이다. 물의 양은 150ml로 하며, 커피입자가 골고루 적셔질 수 있도록 컵 상단 끝까지 붓고 3분간 침지의 시간을 갖는다.

_ 추출된 커피의 향기(Break Aroma)

커피잔 위쪽으로 가루들이 떠오르면, 커핑 스푼으로 3번 정도 뒤로 밀쳐준다. 코를 컵 가까이에 대고 위로 오르는 기체를 깊고 힘차게 들이마시고 향기의 속성과 특성 강도를 평가한다.

_ 거품 걷어내기(Skimming)

향기를 맡은 후 앞쪽으로 밀려오는 커피 층을 두 개의 커핑스푼을 이용하여 신속하게 걷어낸다.

_오감평가

물의 온도가 70℃ 정도 되면, 커피층을 걷어내고 커핑스푼으로 커피를 살짝 떠서 입 안으로 강하고 신속하게 흡입한다(흡 소리가 나게).

처음 들이마실 때의 향과 마시고 난 뒤의 향을 기억하고 비교한다. 2~3회에 걸쳐 같은 동작을 반복하고 평가한다. 커피

의 온도가 내려갈 때와 따뜻할 때 마실 때를 비교하여 본다. 향(Aroma), 뒷맛(Aftertaste), 산도(Acidity), 촉감(Flavor), 균형(Balance) 등을 평가한다.

_ 당도(Sweetness), 균일성(Uniformity), 투명도(Cleanliness)를 평가한다

오감평가를 한 뒤 커피의 온도가 30℃ 이하로 내려가면, 각각의 잔마다 당도와 균일성, 투명도를 평가한다.

_ 결과 기록

각 항목에 주어진 개별점수를 합산하여 총득점을 표기하고 난 후, 결점을 빼면 최종점수가 된다.

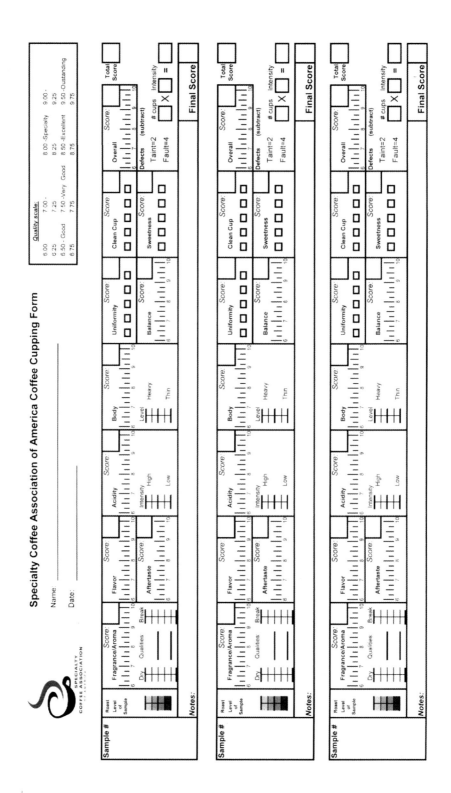

Specialty Coffee Association of America Coffee Cupping Form

_ SCAA 커핑폼을 이용한 커핑

- Sample #은 해당하는 컵의 정보를 적어준다.
- Roast Level은 볶음 정도를 나타내며, 샘플 로스팅 시 중간지점에 해당된다. 대각선으로 그어 정보를 쉽게 파악한다.
- Fragrance는 분쇄 시 나타나는 향을 표현한다(4분가량 진행).
- Aroma는 물을 부었을 때 나타나는 커피의 향을 표현한다. Break는 물을 붓고 4분 후 부유물을 가를 때 나타나는 향기를 표현하며, 2분 후에 Skimming(부유물을 걷어내는 작업)을 실시한다.
- Acidity, Body, Flavor, Aftertaste, Balance를 각각 표시하고, Balance는 Flavor와 Acidity, Body, Aftertaste가 조화를 이루는지를 표시한다.
- Uniformity는 5개의 Sample 중 균일성이 떨어질 경우 해당하는 컵에 표시한다.
- Clean Cup은 5개의 Sample 중 부정적이거나 불쾌한 향미를 가져서 다른 컵들과 균일성이 떨어질 때 해당컵에 표시한다.
- Sweetness는 5개의 Sample 중 단맛이 느껴지지 않을 경우 해당컵에 체크한다.
- Taint, Fault는 결점에 따른 점수로써, 심한 경우를 제외하고는 잘 쓰지 않는다. (Taint−확실한 결점이 있다, Fault−결점으로 인해 먹을 수가 없다)
- Overall은 커피가 유일하게 주관적으로 점수를 줄 수 있는 것이며, 개인적인 의견과 선호도에 따라 표시한다.

_ SCAA Aroma Wheel과 Aroma Kit Flavor Wheel 보는 방법

- 파랑 → 빨강 → 녹색 → 검은색 순으로 본다.
- 향미표현의 기본이 되는 용어이다.

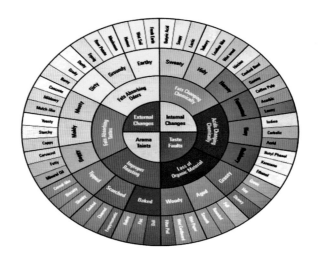
_ SCAA 아로마 휠과 플레이저 휠

_ 커핑

- 냄새맡기(Sniffing)
- 흡입하기(Slurping)
- 삼키기(Swallowing)

_ 커피잔의 모양 비교

04 커피 향미에 관한 용어

- 부케(bouquet) : 커피의 전체적인 향. 추출된 커피의 전체적인 향기를 총 칭해서 부르는 말이며, fragrance, aroma, nose, aftertaste 등이 있다.
- 프라그랑스(fragrance) : 분쇄된 신선한 커피에서 나는 향기(dry aroma, fragrance)

  실온보다 약간 높은 온도에서 기화하는 화합물로 구성되어 있다. 원두를 분쇄하면 커피조직에 열이 발생하면서 조직이 파괴된다. 이때 커피조직 내에 있던 탄산가스가 방출되면서 이 가스가 실온에서는 유기물질을 끌어 내게 된다.

  연기나 타르와 같은 탄향이 나며, 지방, 담배, 숯, 재와 같은 향신료(Spicy) 등의 향이 난다.
- 아로마(aroma) : 갓 추출된 신선한 커피액에서 나는 향기

  갓 추출된 커피액의 표면에서 방출되는 증기로부터 느낄 수 있다. 이 향기 는 에스테르, 알데히드, 케톤 등의 큰 분자구조를 가지며, 커피의 기본적 인 맛을 이루는 기본 향기가 되며 가장 복잡적인 가스의 혼합물이다. 보통 과일향(fruity), 풀향(herbal), 견과류(nutty) 등의 자연적인 향을 복합적으 로 이루고 있다.
- 노즈(nose) : 커피를 마실 때 입 안에서 느껴지는 향기

  커피를 마시거나 입 천장 위쪽으로 넘기면서 느끼는 향기성분이다. 이 성 분들은 대부분 당의 카보닐 화합물이며, 로스팅 시 생두 중에 있던 당류가 메일라드반응을 일으키며 캐러멜화하면서 생성된 것이다. 캐러멜, 사탕, 견과류, 곡류 등의 향이 난다.
- 애프터테이스트(aftertaste) : 커피를 마시고 난 후에 느끼는 향기

  마신 후 입 안에 남는 향기이며, 커피의 향이 감소된 후에 인식되는 향이다.

로스팅 과정 중 생성되는 피라진 화합물(pyrazine compounds)로 인하여 쓴 맛과 초콜릿향이 나기도 한다. 초콜릿향(chocolaty), 탄냄새(carbony), 향신료(spicy), 송진향(turpeny) 등이 느껴진다.

- Acidity : 산도(긍정적인 경우-Brightness, 부정적인 경우-Sour로 표현)
- Balance : 균형감(Flavor, Aftertaste, Acidity, Body를 전체적으로 평가)
- Body : 촉감(입에서 느껴지는 질감)
- Caramelly : 마시면서 느끼는 향기(nose) 중 하나이다. 캔디향(candy), 시럽향(syrup)
- Chocolaty : 커피를 마신 후 입 안에 남는 향기(aftertaste) 중 하나이다. 초콜릿이나 바닐라향
- Carbony : 추출된 커피를 마시고 난 후에 느끼는 향. Aftertaste 중 하나. 크레졸(cresol), 페놀(phenol), 피리딘향(pyridine)
- Complexity : 모든 커피 향기의 질적인 표현. 다양하고 미묘한 느낌 표현
- Full : 커피의 전반적인 향에 대한 양적인 표현으로 다소 뚜렷한 강도로 각 단계별로 향이 느껴지는 것을 나타낸다. 풍부하지만 강도가 약한 향기
- Flat : 모든 커피 향기의 양적인 표현. 약하게 느낄 수 있는 향기
- Fruity : 추출된 커피의 달콤한 향기 중 하나. 감귤향(citrus), 새콤한(acidulous) 베리향(berry)
- Fault : 강하게 느껴지는 좋지 않은 맛과 향
- Flavor : 입 안에서 느껴지는 맛과 향
- Floral : 꽃향기로 에티오피아, 탄자니아, 케냐 등의 커피에서 많이 나타난다.
- Grassy : 미숙한 커피나 덜 볶은 콩에서 나는 향
- Herby : 추출된 커피의 신선한 향기. 파향(alliaceous), 콩향(legume)
- Intensity : 커피의 전체 향기 중에 포함되어 있는 가스와 증기의 자극성과

상대적 강도의 양적 수준. 커피의 맛과 향기의 강도

- Malty : 커피를 마실 때 느끼는 향기. 볶은 곡물향
- Nutty : 커피를 마실 때 느껴지는 향. 볶은 견과류 향
- Overall : 전체적인 느낌(커피의 주관적인 평가)
- Preference : 커피의 맛과 향기의 선호도
- Rich : 풍부하면서 강한 향기(full & strong)
- Rounded : 풍부하지도 않고 강하지도 않은 향기(not full & strong)
- Spicy : 추출된 커피를 마신 후 입 안에 남아 있는 향기 중 하나. 나무향
- Sweetly floral : 로스팅된 원두를 분쇄했을 때 나는 향기 중 하나. 재스민 꽃향
- Sweetly spicy : 로스팅된 원두를 분쇄했을 때 나는 향기 중 하나. 방향성 향기
- Turpeny : 커피를 마신 뒤 입 안에 남는 향기(aftertaste) 중 하나. 송진향
- Taint : 약하게 느껴지는 좋지 않은 맛과 향
- Uniformity : 균일성

_ SCAA에서 규정하는 Q-Grader 향미표현방법

향미표현방법은 Aroma, Acidity, Flavor, Body, Aftertaste 등 5개의 항목과 이외의 향과 맛을 상세하고 객관적으로 표현한 것이다.

- 향미 : 향과 맛이 복합적으로 느껴지는 것을 표현하는 것

◉ _Sweetness

구분		향미
Nutty(견과류)	Roasted Peanuts	볶은 견과류의 향
	Walnuts	호두기름의 톡 쏘는 향
	Toast	곡물 볶을 때의 고소한 향
Caramel (최상급커피)	Caramel	강렬한 단 향
	Roasted Hazelnuts	인공적이며 금속적인 고소함이 함유된 향
	Roasted Almond	달콤하면서 고소한 향
	Honey	아카시아 꿀향
Chocolaty (초콜릿 느낌)	Maple Syrup	계피와 섞인 듯한 단 향
	Dark Chocolate	코코아, 코낙향(중남미 커피)
	Butter	신선한 버터향(일반적인 아라비카)
	Vanilla	바닐라, 커스터드향(최상급 브라질, 엘살바도르, 인도네시아)

◉ _Acidity : 신맛이라 하지 않고 산미라 표현함(Brightness)

구분		향미
Fruity Citrus (감귤류)	Lemon	매우 밝은 레몬의 산미(고급 아라비카)
	Apple	풋사과 느낌의 산미(중미, 콜롬비아)
	Grapefruit	자몽의 산미
	Orange	오렌지의 산미
Fruity Berry (베리류)	Apricot	달콤한 산미(에티오피아)
	Black currant	상큼 시큼한 포도의 산미
	Raspberry	묵직한 베리류의 산미

_Bitter : 아라비카종에는 표현하지 않음

구분		향미
Spicy (향신료)	Cedar	삼나무(과테말라, 온두라스, 블루마운틴, 하와이코나)
	Pepper	강렬한 금속성 향기(브라질, 짐바브웨)
	Herby	좋은 허브 향신료
Smoky (연기)	Pipe Tobacco	잎담배, 말아 피우는 담배향
	Ash	탄향, 나무재향

_Body : 질감

구분	입안의 느낌
Watery(Thin)	물 마시는 느낌, 가벼운 느낌 -매우 연한 커피
Smooth(Light)	강하지 않은 질감이 느껴질 때 -중간 농도의 커피(가벼운 에스프레소)
Creamy(Heavy)	생크림을 마시는 듯한 진한 우유 느낌 -생두의 지방성분이 많을 때 느껴짐
Buttery(Thick)	무거우면서, 부드러운 느낌 -에스프레소의 대표적인 특징

_Floral : 꽃향

구분	꽃향기
Jasmine	Jasmine 꽃 또는 Jasmine차에서 느껴지는 꽃향기
Lavender	Lavender에서 느껴지는 은은한 꽃향기
Coffee Blossom	Jasmine과 유사한 상큼한 향기
Tea rose	다마스쿠스 장미과의 꽃향기, 장미향

_아라비카 커피의 대륙별 특징

구분	대표적인 향미
Brazil	Nutty, Floral, Sweet(Chocolaty), Earthy
Colombia	Neutral, Floral, Fruity
Indonesia	Honey, Nutty, Earthy
Central America	Fruity, Sharp
East Africa	Floral, Fruity, Chocolaty, Sharp

CHAPTER 8

커피의 주요 성분

Chapter 8 커피의 주요 성분

01 커피의 성분 이해

식음료의 고급화 · 세계화 추세에 따라 각종 음료 중 커피가 기호음료로 각광 받고 있다. 참살이 건강관리 차원에서 인스턴트커피보다 커피 고유의 향과 맛이 있는 적당량의 커피는 현대인의 생활 건강에 활력을 준다. 커피는 커피나무에서 얻은 생두성분과 로스팅 후 원두에서 생성되는 성분이 서로 어우러져 커피의 독특한 맛과 향을 낸다. 다양한 영양성분이 함유된 음식처럼 커피에도 비슷한 성분이 있으며, 커피가 로스팅될 때 일부 성분이 소실 또는 증감되어 커피의 성분 변화를 초래하기도 한다.

모닝커피를 마시며 일상을 시작하는 현대인에게 커피 한 잔의 건강은 매우 중요하다고 할 수 있겠다. 커피의 다량, 미량 성분에 대한 이해를 토대로 건강한 음료문화를 가꾸도록 하자.

02 커피의 다량성분

커피성분은 커피나무의 품종, 재배환경(기후, 토양, 고도 등), 커피 가공과정 및 저장 등에 따라 성분과 함량이 다양하다.

커피나무의 여러 품종 중 널리 알려진 아라비카(Arabica)종과 로부스타
(Robusta)종의 주성분에는 탄수화물(다당류, 올리고당), 지방, 단백질, 무기
질, 클로로제닉산(chlorogenic acid), 앨러패틱산(aliphatic acid), 휴민산(humic
acid), 카페인 등이 있다.

◉ _ Green Coffee Bean과 Roasted Coffee Bean의 성분 및 함량

성 분	아라비카(Arabica)종		로부스타(Robusta)종	
	생두	원두	생두	원두
다당류	50.0~55.0	24.0~39.0	37.0~47.0	–
올리고당	6.0~8.0	0~3.5	5.0~7.0	0~3.5
지방	12.0~18.0	14.5~20.0	9.0~13.0	11.0~16.0
단백질	11.0~13.0	13.0~15.0	11.0~13.0	13.0~15.0
무기질	3.0~4.2	3.5~4.5	4.0~4.5	4.6~5.0
클로로제닉산	5.5~8.0	1.2~2.3	7.0~10.0	3.9~4.6
아미노산	2.0	–	2.0	0
앨러패틱산	1.5~2.0	1.0~1.5	1.5~2.0	1.0~1.5
휴민산	–	16.0~17.0	–	16.~17.0
카페인	0.9~1.2	1.0	1.6~2.4	2.0

탄수화물

_ 커피콩(Green Coffee Bean)

아라비카종이 로부스타종보다 탄수화물 함량이 높으며, 가용성과 난용성 탄
수화물로 구성된다.

- 가용성 탄수화물 : 단당류, 올리고당, 다당류
- 난용성 탄수화물 : 셀룰로오스, 헤미셀룰로오스

_ 원두(Roasted Coffee Bean)

로스팅 과정에서 커피성분이 분해되거나, 새로운 성분이 생성하는 등 많은 변화가 초래된다.

- 커피의 당 단백질, 가용성 탄수화물, 셀룰로오스가 분해되어 단당류(갈락토오스, 만노오스, 아리비노스, 리보오스)가 생성된다.
- 서당(설탕)은 일분 전화(inversion)되어 과당과 설탕을 생성한다.
- 커피의 단당류와 단백질과의 메일라드반응(maillard reaction)으로 갈색 물질과 휘발성 향미성분을 생성한다.

_ 생두와 원두의 비교(볶기 전과 볶은 후의 비교)

로스팅에 의한 가열작용은 생두성분에 화학적 변화를 초래하여 신물질이 생성되며, 커피콩(Green Coffee Bean)에 없던 성분이 원두(Roasted Coffee Bean)에 새롭게 나타나는 탄수화물 성분도 있다.

구분	탄수화물 성분
커피콩의 볶기 전과 후의 공통 탄수화물	아라반, 아라비노스, 셀룰로오스 갈락탄, 글루코오스, 말토오스 글루큐론산, 라피노스 만난, 만노오스, 슈크로오스 스타키오스, 퀴닌산, 자일로오스
커피콩의 볶기 전에만 함유된 탄수화물	아라비노갈락탄, 전분, 리그닌 갈락투론산, 펙틴 글루코-갈락토만난
커피콩의 볶은 후에만 함유된 탄수화물	과당, 갈락토오스, 글루칸 리보오스

지방

_ Green Coffee Bean

커피의 지방 함량과 조성은 품종, 추출방법, 분석기술 등에 따라 달라질 수 있으며, 커피에는 7~17% 정도의 지방이 있다. 아라비카(Arabica)종과 로부스타(Robusta)종의 평균 지방함량은 각각 15%, 10% 정도이다.

대부분의 지방도 배젖(endosperm)에 있고, 미량은 커피 표면에 있다. 지방의 종류와 구성성분은 다양하며, 커피 부위에 따라 지방 조성이 다르다.

- 커피 표면은 엷은 층의 밀랍(wax)이 0.2~0.3% 정도 있는데, 이는 커피가 건조하지 않도록 하며, 미생물로부터 보호하는 기능이 있다.

- 중성지방(oil)은 생두 배젖(endosperm)에 있으며, 글리세롤과 지방산의 에스테르 결합형태이다. 지방산의 종류로는 주로 포화지방산(팔미트산, 스테아르산), 단일불포화지방산(올레인산), 다가불포화지방산(리놀렌산) 등이 있다.

- 디테르펜(diterpene)에 속하는 카월(kahweol), 카페스톨(cafestol)은 타 식물에서는 볼 수 없고 커피에만 있는 지방이며, 각종 지방산과의 에스테르 결합으로 존재한다.

이 성분들은 열, 햇빛, 산 등에 약하며, 로스팅 과정에서 쉽게 파괴될 수 있다.

- 디테르펜 중 메틸카페스톨은 로부스타종에서만 볼 수 있으며, 브랜드 커피에서 아라비카종과 로부스타종 커피의 비율을 측정하는 표준으로 이용한다.
- 스테롤은 아라비카종에 5.4% 정도가 있다. 주류를 이루는 스테롤에는 시스토스테롤(53%), 스티그마스테롤(21%), 캄페스테롤(11%) 등이 있다.

_ Roasted Coffee Bean

커피의 지방 종류에 따라 로스팅 시 흡열 정도가 다르며, 흡열에 의한 변화 정도도 다르다. 이때 커피 향미의 원인이 되는 다양한 물질도 생성된다.

- 중성지방, 스테롤에 대한 변화는 없고, 유리지방산이 증가한다.
- 카월, 카페스톨의 분해로 많은 휘발성 물질이 생성되고, 이러한 변화는 총 지방량 증가의 원인이 된다.
- 로부스타종에 비하여 아라비카종의 카월 함량은 로스팅 후에도 거의 변화가 없다.

단백질

_ Green Coffee Bean

커피 품종에 따라 단백질 함량이 8.7~12.2% 정도이며, 구성성분인 아미노산의 종류도 다양하다. 유리아미노산은 1% 이하의 극미량으로 존재한다.

아라비카종과 로부스타종을 비교하면 단백질을 구성하는 아미노산의 종류와 함량 차이가 크다.

품종	다량 아미노산	미량 아미노산
아리비카종	글루탐산 아스파르트산 루이신 프롤린 라이신 글리신 페닐알라닌 세린 발린	알라닌 아르기닌 이소루이신 트레오닌 타이로신 시스테인 히스티딘
로부스타종	글루타민산 아스파르트산 루이신 타이로신 발린 프롤린 글리신	라이신 세린 알라닌 페닐알라닌 이소루이신 시스테인 트레오닌 아르기닌 히스티딘 메티오닌

_ Roasted Coffee Bean

로스팅에 의한 가열작용으로 커피 단백질이 파괴되어 20~40% 정도의 아미노산이 소실된다. 특히, 열에 예민한 아미노산(아르기닌, 시스테인, 세린, 트레오닌 등)은 거의 파괴된다. 그러나 중간 정도 또는 강하게 로스팅할 때 아라비카종, 로부스타종에서 아미노산 중 글루탐산이 가장 증가한다. 열에 의한 단백질 조성 변화는 원두를 특징짓는 요인이 되기도 한다.

• 아미노산과 탄수화물의 메일라드반응이 발생한다.
• 각종 향미성분과 휘발성 성분 등과 같은 신물질이 생성된다.

03 커피의 미량성분

비단백질 질소화합물

단백질을 구성하지 않는 질소성분으로 핵산, 퓨린염기, 질소염기 등이 있으며 커피 품종에 따라 함량이 다양하다.

- 핵산은 아라비카종에 0.7%, 로부스타종에 0.8% 정도 함유된다.
- 퓨린염기는 아라비카종, 로부스타종에 각각 0.9~1.4%, 1.7~4% 정도로 함유된다.

  (카페인은 퓨린 유도체의 대표 성분으로 커피의 쓴맛을 나타내며, 기타 퓨린염기는 로스팅에 의해 파괴된다.)
- 질소염기는 로스팅 가열반응에 대해 안정성이 있는 성분과 그렇지 않은 성분으로 분류된다.

  (열에 대해 불안정한 성분 중 특히 트리고넬린은 열반응으로 니코틴산과 기타 향미성분으로 분해된다. 이러한 특성을 이용하여 트리고넬린과 니코틴산 비율은 로스팅 정도를 측정하는 데 활용된다.)

무기질

커피의 무기질 함량은 4% 내외로, 대부분 수용성이며 무기질 종류가 다양하다. 무기질 중 항진균작용이 있는 구리(Cu)가 커피에 극미량 있는데, 아라비카종보다 로부스타종에 많이 있다. 로부스타종 커피에서 곰팡이 발생이 적은 이유도 구리(Cu) 때문이다.

무기질	함량(건조물 중 %)
칼륨(K)	1.68~2.0
마스네슘(Mg)	0.16~0.31
황(S)	0.13
칼슘(Ca)	0.07~0.035
인(P)	0.13~0.22

비타민

일반 식품과 같이 커피에도 다양한 종류의 비타민이 존재한다. 비타민 B_1, 비타민 B_2, 니코틴산, 판토텐산, 비타민 B_{12}, 비타민 C, 엽산, 비타민 F 등이 이에 속한다. 비타민의 종류와 특성에 따라 로스팅에 의한 열작용으로 파괴되는 정도는 다르다.

- 비타민 B_1, 비타민 C는 로스팅 과정에서 대개 파괴된다.
- 니코틴산, 비타민 B_{12}, 엽산은 열에 의한 영향을 덜 받는다. 니코틴산 함량은 볶기 전 커피보다 볶은 후의 커피에 더 증가하는데, 그 이유는 로스팅에 의한 트리고넬린 분해로 니코틴산이 생성되기 때문이다.
- 비타민 E 중에서 알파토코페롤(α-tocopherol)과 베타토코페롤(β-tocopherol)이 대부분이며, 로스팅으로 커피의 총 토코페롤, 알파와 베타 토코페롤량이 감소한다.

산

커피의 신맛은 다양한 유기산에 의한 것이며, 커피의 산도는 추출된 커피의 질과 오묘한 맛을 결정짓는 중요한 요인으로 작용한다. 특히 아세트산, 시트르산, 인산 등이 커피의 신맛에 영향을 준다. 또한 로스팅에 의해 일부 산 함량이 증가 또는 감소하여 커피 특유의 신맛을 더하게 한다.

- 커피에는 클로로제닉산, 카페익산, 시트르산, 말산, 퀴닌산, 아세트산 등이 주류를 이루고 젖산, 푸마르산, 포름산이 극미량 존재한다.
- 클로로제닉산은 커피에 가장 풍부한데, 로스팅 중 중간볶음에서 30%, 강한 볶음에서 70% 정도가 감소한다.
- 로스팅에 의해 증가하는 휘발성 산은 포름산(중간볶음), 아세트산(강한 볶음)이며, 비휘발성 산으로는 인산, 젖산, 퀴닌산 등이 있다.
- 로스팅으로 특히 감소되는 산에는 비휘발성의 말산, 시트르산이 있다.

휘발성 물질

휘발성 물질은 로스팅 과정에서 생성되는 향미와 색소 성분이다. 커피에는 약 0.1% 정도 함유되어 있으며, 700여 종의 휘발성 물질이 있다. 로스팅에 의한 커피 성분의 갈색반응(browning reaction)은 갈색 색소 중합체를 생성시켜 원두의 다양한 색과 향을 만들게 한다. 특히 멜라노이딘은 커피의 쓴맛을 나타내고, 향성분의 증가는 커피를 장기간 보관할 때 나타나는 케케묵은 냄새의 원인으로 작용한다.

- 단당류, 서당의 캐러멜 작용 → 캐러멜 생성(yellow~brown black)
- 아미노산의 메일라드 작용 → 멜라노이딘 생성(yellow~brown black)
- 클로로제닉산의 가열 작용 → 휴민산 생성(red~brown black)

04 커피의 생리활성물질

커피에는 다양한 특성을 가진 화학성분이 있으며, 커피에 용해된 성분의 작용과 효능에 따라 건강에 미치는 영향도 다르게 나타날 수 있다. 커피에는 인체 생리에 영향을 주어 건강과 직결될 수 있는 성분, 즉 생리활성물질(bioactive substances)이 있는데, 그 종류가 다양하다.

커피의 생리활성물질과 그 효능에 대한 연구는 주로 해외 학술지를 통해 보고되고 있다. 생리활성물질의 효능에 대해 논란은 있으나, 일부 연구자들은 커피를 기능성 식품 또는 약용식물로 제안하고 있다. 여기에서는 건강에 도움이 되는 커피성분을 주요 생리활성물질로 간주하고, 이들에 대한 생리적 작용과 기능을 살펴보자.

_ 생리활성물질의 종류

아그마틴(agmatine)	안토시아닌(anthocyanins)
카페산(caffeic acid)	카페인(caffeine)
카테킨(catechins)	클로로제닉산(chlorogenic acid)
크로뮴(chromium)	디테르펜(diterpene)
페룰산(ferrulic acid)	플라보노이드(flavonoids)
마그네슘(magnesium)	니코틴산(nicotinic acid)
폴리페놀(polyphenols)	피로갈롤산(pyrogallic acid)
퀴놀린산(quinolinic acid)	세로토닌(serotonin)
수용성 섬유(soluble fiber)	스페르미딘(spermidine)
타닌산(tannic acid)	트리고넬린(trigonelline)

카페인(Caffeine)

커피의 쓴맛성분인 카페인은 트리메틸 퓨린염기(trimethyl purine base)에 속하며, 커피 알칼로이드 중 함량이 제일 높다. 커피의 카페인량은 추출방법에 따라 그 변화의 폭이 크며, 커피 음용 시 개인에 따라 나타나는 생리적 특이반응은 카페인의 일부 작용으로 알려져 있다. 커피 카페인은 생두에 유해한 미생물과 세균 오염을 예방하는 항균효과가 있으므로 생두의 위생적 관리 차원에서 유익한 성분으로 작용할 수 있다.

- 유해 곰팡이를 번식시켜 식품 부패를 초래하는 특정 곰팡이균(aspergillus속, penicillium속)의 성장을 억제하는 항곰팡이 예방효과가 있다.
- 곰팡이 독(mycotoxin)의 일종인 아플라톡신, 오크라톡신 등의 생성을 예방하는 항박테리아 효과가 있다.
- 동물실험에서는 '햇빛차단'효과와, 자외선 노출에 의한 암 유발을 억제하는 기능이 있다.
- 생리적 효능으로 한시적 활력을 제공하고, 경한 정도의 이뇨효과 등이 있다.
- 여성의 경우 임신기, 수유기의 건강관리를 위해 200mg/day(커피 2잔 정도) 이하로 카페인 섭취를 줄이는 것이 좋다.

음료, 기타 식품의 종류	추출방법	카페인 함량(mg)	
		평균치	변동범위
커피coffee(8oz)	드립추출	85	65~120
	퍼컬레이터 추출	75	60~85
	무카페인 커피 추출	3	2~4
	에스프레소(1온스)	40	30~50
차tea(8oz)	침출	40	20~90
	인스턴트	28	24~31
	냉침출	25	9~50
청량음료(8oz)		24	20~40
에너지 드링크		80	0~80
코코아음료(8oz)		6	3~32
코코아 밀크음료(8oz)		5	2~7
밀크 초콜릿(1oz)		6	1~15
다크 초콜릿(1oz)		20	5~35
초콜릿 시럽(1oz)		4	4

클로로제닉산 · 카페익산

_클로로제닉산

커피에는 다양한 퀴닌산 유도물질이 있는데, 그중 클로로제닉산이 특징적인 작용과 효능을 가진 가장 중요한 성분이다. 커피의 클로로제닉산 함량은 아라비카종 3.8~7.0%, 로부스타종 5.7~8.6% 정도이다. 그러나 로스팅을 할 때 온도가 높아짐에 따라 클로로제닉산 함량이 현저히 줄고, 강한 볶음의 원두에는 2~3% 정도만 남는다.

페놀성 물질인 클로로제닉산은 유해한 활성산소와 기타 유리라디칼을 제거하는 항산화기능을 나타낸다. 또한 활성산소 중 치명적인 산화적 스트레스를 초래하는 수산화 라디칼을 제거하는 능력이 탁월하다. 인체 생리와 관련해 클로로제닉산은 흡수율과 대사율이 높기 때문에 적당량의 커피는 산화적 스트레스를 경감시키는 데 도움이 될 수 있다.

_ 카페익산

커피체리 열매에서 카페익산은 퀴닌산과 에스테르화된 형태로 있으며, 커피의 대표적인 산으로 알려진 클로로제닉산의 유도체를 생성한다. 카페익산은 유해한 활성산소 라디칼을 제거하여 세포막 산화를 예방하는 페놀성 물질로 알려져 있다.

특히 활성산소 중 방응성이 강한 과산화수소에 대한 소거능력이 뛰어나므로 산화적 손상을 예방할 수 있는 항산화효능이 높다고 할 수 있다. 불포화지방산의 과산화 억제기능도 있으며, BHA · BHT · 알파 토코페롤 등의 항산화제와 비슷한 정도의 효능을 보인다.

카월 · 카페스톨

커피의 지방성분인 카월(kahweol)과 카페스톨(cafestol)은 20개 탄소를 가진 탄화수소 구조로 이루어진 디테르펜(diterpene) 그룹에 속한다. 이들은 커피에서만 볼 수 있는 특이한 지방인데, 일반 식품의 지방과 달리 생리활성물질로 작용하며, 건강기능을 보유한다. 세포성분에 대한 반응성이 강하여 산화적 손상을 유발하는 활성산소 생성을 억제하고, 산화적 스트레스를 예방하는 것으로 알려져 있다.

또한 동물실험에서 커피의 카월, 카페스톨이 독극물과 발암물질에 대한 보호작용이 있는 것으로 나타난다. 즉, 독극물 노출 시 이들 커피 지방은 독극물 활성화 효소의 작용을 억제하고, 항독성 효능을 발휘하여 간세포를 보호한다. 발암물질에 대한 생두의 항발암효능의 일부분도 이들 성분의 작용에 의한 것으로 보인다.

커피의 지방 조성에서 카월, 카페스톨의 함량은 극미량이지만, 생리활성물질로서의 역할 비중은 크다. 즉, 유해한 활성산소와 유리라디칼이 생성되는 것을 억제함으로써 산화적 스트레스를 경감시키는 항산화작용을 하며, 독극물과 발암물질에 대해 해독작용과 유사한 기능을 보인다.

니코틴산(Nicotinic acid)

니코틴산은 나이아신 또는 비타민 B_3로 불리는 수용성 비타민으로 커피에 미량 존재한다.

커피의 로스팅 과정에서도 니코틴산이 생성되는데, 생두에 1% 정도 있는 트리코넬린의 열분해에 의해 니코틴산이 합성된다. 이때 기타 신물질도 함께 합성된다. 로스팅 정도에 따라 원두의 나이아신 함량이 다르며, 약하게 볶은 원두에는 10mg/100g, 강하게 볶은 경우에는 40mg/100g 정도 함유하고 있다. 강하게 로스팅하는 이탈리안 커피에 나이아신 함량이 더 높으며, 커피를 마실 때 원두에 있는 나이아신 총량의 85% 정도가 섭취되는 것으로 본다.

나이아신은 체내 대사작용에 필수적으로 요구되는 조효소를 합성하여 대사를 원활히 하며, 기억력 증진 및 고콜레스테롤 치료 등에도 이용된다.

- 적당히 잘 볶은 원두에 니코틴산 함량이 더 풍부하며, 커피 한 잔에 최고 80mg 니코틴산이 함유되어 있다. (식품 중 나이아신 함량이 높은 육류, 생선 등과 비슷한 함량이다.)

멜라노이딘(Melanoidins)

로스팅 과정의 높은 열에 의해 생두의 당류와 아미노산 간의 메일라드반응에 의해 생성된 고분자물질이 멜라노이딘(Melanoidins)이다. 멜라노이딘(Melanoidins)은 인체에 유해한 활성산소를 제거하는 항산화능력이 있으며, 항암효능을 나타내는 것으로 보고되고 있다.

커피 추출물을 이용한 동물실험에서 일부 멜라노이딘(Melanoidins)물질이 지질의 산화를 억제시키는 효과를 보이고 있다. 이와 같은 물질은 세포막성분 중 산화적 손상이 쉽게 일어나는 불포화지방산을 보호하고, 지질과산화의 연속 고리를 차단할 수 있다.

CHAPTER 9

커피 추출방법

Chapter 9 커피 추출방법

01 추출

커피의 추출은 로스팅된 커피를 분쇄하여 좋은 맛과 향 성분을 뽑아내는 것이다. 맛있는 커피를 추출하는 데는 적당한 커피의 양과 알맞은 추출수 온도, 적당한 추출시간 등 여러 가지 조건이 필

요하지만 우선 좋은 생두를 선택했을 경우와 알맞은 로스팅을 한 후 추출하는 방법에 따라 적절하게 분쇄하였을 경우에 최고의 추출이 이루어질 수 있을 것이다. 추출방법에는 달임법, 우려내기, 여과법, 가압추출법이 있다.

02 추출방법

1. 달임법(Decoction)

*기구−체즈베 Cezve(뚜껑 있는 용기)
　　 −이브릭 Ibrik(뚜껑 없는 용기)

_ 터키식 커피(Turkish coffee)

미세하게 분쇄한 커피를 끓여 그대로 마시는 터키의 고전적이고 전통적인 추출법이다.

밀가루처럼 아주 곱게 원두를 갈아 커피를 추출하는 방법으로 '터키식 커피(Turkish Coffee)'로 알려져 있다. 다른 커피보다 진한 맛을 내고, 터키식 커피 특유의 거품을 통해 거품의 향이 더욱 짙어진다. 커피가 식으면 더욱 부드러운 커피의 진한 향을 음미할 수 있다.

마시는 방법으로는 설탕과 향신료를 넣고 마시거나 버터나 소금을 입에 머금고 마시면 더욱 이색적인 맛과 향을 느낄 수 있다. 마시는 방법에 따라, 아라비아식, 그리스식, 불가리아식이라고 부른다. 마시고 난 후에는 커피잔을 잔받침 위에 엎어놓고, 받침 위에 생긴 여러 가지 모습을 보고 점을 치는 풍습이 오늘날까지 전해지고 있다.

2. 우려내기(Steeping)

_ 프렌치 프레스(French Press)

프렌치 프레스를 이용한 추출방식으로 분쇄된 커피를 유리관 안에 넣고, 뜨거운 물을 부어 금속성 필터로 눌러 추출하는 수동식 추출방식이다. 커피가루를 끓인 물에 넣어서 뽑아내는 방식으로 금속거름망이 달린 막대 손잡이와 유리그릇으로 구성되어 있다.

1.5mm 정도로 조금 굵게 분쇄한 커피가루를 포트에 넣고 물을 부어 저어준다. 그 다음 거름망이 달린 손잡이를 눌러 커피가루를 포트 밑으로 분리시킨 후 커피를 따라 마신다.

3. 여과법(Filtration)

드립, 워터 드립(더치커피), 진공여과 방식인 사이폰이 있다.

_ 드립(Drip Filtration)

커피 추출방식 중 가장 자연적인 방식으로 중력의 원리를 이용하여 뜨거운 물을 천천히 부어 추출하는 필터식 추출방식이다. 독일의 '멜리타(Melitta Bentz)'라는 여성에 의해 종이 필터가 개발되었다.

깔때기 모양의 드리퍼는 여과지를 받쳐주고 물이 원활하게 흐를 수 있도록 홈을 만들어 물길을 내어준 것이 특징이다. 핸드드립 방식은 드리퍼의 종류에 따라 다양한 맛과 향을 낼 수 있으며, 드리퍼의 종류도 다양하다. 드리퍼는 커피의 유효한 성분이 충분히 추출될 수 있도록 디자인되어 현대에도 가정에서 가장 많이 또는 손쉽게 사용되는 방법이다.

드리퍼로는 강화 플라스틱 소재로 만든 제품이 가볍고 사용하기 편하여 많이 쓰이며, 도자기 제품은 깨지기 쉬우며 가격도 비싸기 때문에 많이 사용하지는 않는다.

_ 융 추출방법

_ 핸드드립 추출방법

• 멜리타

멜리타 여성의 이름을 따서 드리퍼의 이름을 지었다. 현재의 칼리타와 거의 흡사하며, 추출구멍이 한 개인 것이 특징이다.

• 칼리타(모방하다란 뜻)

일본의 칼리타회사에서 멜리타를 모방하여 추출구멍 2개를 첨가하여(총 3개) 만든 추출기구

_ 뜸들이기

- 고노 : 구멍이 한 개이며, 원추형으로 드리퍼 안쪽 반 정도 Rib가 있다.
- 하리오 : 고노와 비스하며, Rib가 나선형으로 나 있다.

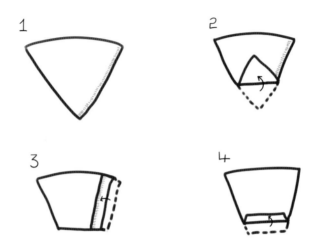

_ 워터 드립(Dutch Coffee, 더치커피)

'커피의 눈물'이라 불리는 더치커피는 워터드립방식으로 오랜 시간 상온에서 한 방울씩 추출되는 방식이다. 17세기 네덜란드 선원들에 의해 고안된 방법으로 상온의 물을 조금씩 통과하여 커피성분을 훑는 방식으로 추출하는 방식이다.

더치커피는 상온에서 추출되기 때문에 커피의 풍미를 잃지 않는 기간이 길어 유통에 또한 원액상태로 판매하기 때문에 자신의 기호에 따라 즐길 수 있다.

• 여름에는 얼음과 시럽을 충분히 넣어서 마시면 갈증해소에도 좋다. 카페인의 추출이 적어 무더운 여름 숙면에도 지장을 주지 않아 기호식품으로 아주 유용하다. 추운 겨울에도 얼음의 유, 무에 관계없이 마실 수 있으며, 커피의 향을 오래 느낄 수 있어 애호가들이 늘고 있다.

_ 진공여과법(Vacuum Filtration) : 사이폰(Siphon)

1840년 영국의 로버트 네이피어(Robert Napier)에 의해 발명되었다. 일찍이 차문화가 발전한 일본에 의하여 사이폰(Siphon)이라는 상표이름으로 알려지게 되었다.

기압의 높고 낮음을 이용하여 추출하는 방식이다. 커피통에 분쇄된 원두가루를 넣고 하부용기의 물에 알코올을 이용하여 가열한 후 끓는물의 증기압에 의하여 물이 상부의 커피통으로 올라가는 방식이다. 물과 커피가 잘 섞인 것을 확인한 후 불을 끄면 기압이 내려가 물이 다시 내려가게 되는 방식이다.

사이폰은 스틱을 이용하는 테크닉에 따라 커피의 맛과 향에 변화를 줄 수 있다. 분쇄입자의 굵기는 핸드드립보다 더 가늘게 하는 것이 추출에 용이하다. 추출에 필요한 분쇄가루의 양은 한 잔에 12~15mg이며, 추출수의 필요량은 약 150ml가 적당하다. 반드시 플라스크의 외부물기를 닦아서 사용해야 한다.

4. 가압추출법(Pressurized Infusion)

가압된 물이 커피바스켓을 통과하여 커피를 추출하는 방법이다.

_ 모카포트(Mocha Pot)

가열된 물에서 발생하는 수증기의 압력을 이용하여 추출하는 추출기구를 말한다. 국내에서는 유럽과 달리 마니아들만 아는 추출기구로 다양한 제품들이 유통되고 있다. 에스프레소 머신의 초기모델로서 곱게 간 원두와 정수된 물을 포트에 채운 뒤 끓이면 수증기가 팽창하면서 물을 밀어 올려 커피를 통과하면서 커피 원액을 추출한다. 수증기가 오일성분까지 씻어내리기 때문에 여과지가 있는 커피메이커와는 달리 특이한 지용성 향이 나온다. 다소 거칠지만 고전적인 맛을 즐길 수 있다.

_ 에스프레소 머신(Espresso Machine)

보일러의 압력과 모터를 이용하여 20~30초의 짧은 시간에 추출하는 현대식 추출방식이다. '커피머신'으로 알려져 있으며, 에스프레소 머신의 발명으로 에스프레소 커피가 현대의 흔한 커피로 알려지게 되는 데 결정적인 역할을 하였다. 뿐만 아니라 소비자들은 좀 더 맛있는 커피를 더욱 빠른 시간에, 더욱 안정적으로 즐길 수 있게 되었다.

오늘날 에스프레소 커피머신은 전

에스프레소 커피 수동머신

세계의 카페나 커피전문점에서 흔하게 볼 수 있는 커피 추출기구이며, 에스프레소 커피를 이용한 다양한 음료가 지속적으로 개발되고 있다.

03 카페 에스프레소

● **정의**

이태리어로 '빠르다'란 뜻이다. 영어의 Express에서 유래되어 커피의 좋은 성분을 짧은시간에 추출하여 빨리 마신다는 뜻이다. 에스프레소가 추출될 때 황금빛 크레마가 점성을 가지고 있어야 하며, 균일한 속도의 굵기와 균형 잡힌 추출이 되어야 한다. 물과의 접촉시간이 길면 커피의 나쁜 성분이 추출될 가능성이 많으며, 반대로 너무 짧으면 커피의 유효한 성분이 미처 다 추출되지 못한다. 에스프레소는 커피 맛을 최고로 느낄 수 있는 가장 기본적인 것이며, 커피 조리사를 평가하는 기준이 되기도 한다. 에스프레소는 커피의 맛과 향을 잃지 않도록 신속해야 하며, 크레마의 두께가 3ml 이상이어야 좋다.

- 에스프레소의 양은 한 잔을 기준으로 30ml±5ml이다.
- 에스프레소 커피의 추출수 온도는 88~96℃이다.
- 에스프레소 커피 한 잔의 분쇄 커피량은 7~9g이어야 한다.
- 에스프레소 커피 추출시간은 20~30초 사이이다. 커피 기계의 추출압력은 8~10 bar이다.
- 에스프레소 커피잔은 손잡이가 달린 두꺼운 도자기 잔으로 60~90ml 용량이어야 한다.
- 에스프레소 커피는 물과 함께 스푼과 냅킨, 설탕을 빠르게 제공해야 한다.

_Coffee Crema(커피 크레마)

커피 크레마는 탄소 산화물이며, 에스프레소 추출 시 미세한 거품으로 추출되는데, 아라비카종보다는 로부스타종의 원두에서 더 많은 크레마를 얻을 수 있다. 커피 크레마는 에스프레소를 추출했을 때 에스프레소 커피 표면에 갈색의 막이 형성되는데 옅은 색에서부터 진한 갈색까지 색상이 다양하다. 이를 커피 크레마라고 하며, 신선한 지방성분과 향성분이 결합된 미세한 거품으로 두께는 3mm 이상이 되어야 맛있는 에스프레소라 할 수 있다. 커피 크레마의 색상은 밝은 갈색이거나 화려한 황금색이어야 좋다. 좋은 커피 크레마는 색과 두께, 지속력을 가지고 있으며, 잘 추출된 좋은 에스프레소로 평가받을 수 있다.

추출 후 커피 크레마가 3분 이상 유지된다면 밀도 있는 거품으로 분쇄된 커피의 신선함을 표현한 것이며, 에스프레소 커피 추출이 좋은 평가를 받을 수 있다. 크레마는 커피의 구수하고 진한 향이 날아가는 것을 막아주며, 자체의 부드러운 향미와 단맛을 오래 느끼게 해준다.

_ Caffé Ristretto(카페 리스트레토)

에스프레소 커피의 양을 제한하여 추출한 것으로 영어의 Limit와 같은 뜻이다.

추출시간은 15~20초 정도이다.

추출량은 20~25ml 정도이다.

카페 에스프레소보다 더 진한 커피 크레마와 향을 가지며, 신맛과 강한 향이 특징이다.

_ Caffé Lungo(카페 룽고)

추출시간을 에스프레소 커피양보다 길게 하는 것으로 영어의 Long과 같은 뜻이다.

룽고의 추출시간은 30초 이상이며, 추출량은 35ml 이상이어야 한다.

쓴맛이 강한 것이 특징이며, 에스프레소보다 연한 갈색의 크레마를 가지며, 싱거운 맛이 난다.

우유나 크림을 넣어서 마시면 좋다.

_ Caffé Doppio(카페 도피오)

에스프레소 커피 두 잔을 하나의 커피잔에 담는 것으로, 영어의 Double과 같은 뜻이다. 추출시간은 카페 에스프레소와 같은 추출시간이며, 추출량은 50~60ml로 카페 에스프레소와 같은 향과 맛을 느낄 수 있다.

에스프레소 커피의 고향 이탈리아에서 커피의 맛을 결정하는 4M	
4M	블렌딩(Miscela) 그라인더(Machina dosatori) 머신(Machine) 바리스타기술(Manualita barista)

04 에스프레소 커피 추출순서

에스프레소 커피는 기계를 통하여 커피의 유효한 성분을 추출하는 메뉴이다. 커피분쇄, 탬핑, 포터필터 장착, 추출 등의 과정을 완전히 숙지하여 커피 조리사로서의 첫발을 내디뎠으면 한다.

1. 잔 준비(예열하고, 물기 없이 준비하기)
   - –2번의 포터필터 청소할 동안 하는 동작
   - –뜨거운 물을 받아서 사용할 잔의 약 80% 정도를 붓는다.
   - –물기 제거 후 기계 위에 올려놓는다.
2. 포터필터 물기 제거
3. 커피 분쇄
4. 포터필터에 커피가루 담기(Dosing)
5. 커피 고르기(Leveling)
6. 탬핑(Tamping) & 태핑(Tapping)
7. 추출 전 물 흘리기(Purging)
   - –많이 데워져 고여 있던 물을 약 2초간 흘려버린다.

8. 포터필터 장착하기

9. 추출버튼 누르고, 추출하기

10. 예열된 데미타세잔에 받기

   −스푼의 방향은 데미타세잔의 손잡이 방향으로 놓는다.

   −마시는 사람의 오른손 쪽으로 잔 손잡이가 가도록 한다(오른손잡이일 경우).

11. 포터필터 청소

   −커피 퍽(Puck) 제거하기

   −포터필터를 물로 청소한 후 물기를 제거한다.

   −포터필터 그룹헤드에 장착하기

에스프레소 커피 추출하기

추출하기 전 포터필터에 커피가루 담기

- 분쇄된 커피가루를 담기
- 포터필터에 고르게 정리하기
- 조리대에서 90도 돌린 자세로 체중을 실어 수평으로 지그시 누르기
- 포터필터 위쪽 부분을 깨끗이 정리하기

우유거품 만들기

우유거품은 스팀 노즐의 팁을 통해 나온 수증기의 압력을 이용하여 만든다.
우유 속에 뜨거운 공기를 주입시켜 거품을 만들고, 우유 데우는 과정을 거쳐
서 만든다. 스팀 노즐의 깊이 정도에 따라 거품의 입자가 만들어진다.

1. 스팀피처에 우유를 담는다.

2. 스팀 노즐을 젖은 행주로 감싸고, 응축수를 제거한다.

3. 스팀 노즐을 우유가 담긴 피처 중간에 넣는다.

4. 부드러운 거품 만들기(우유가 65℃를 넘지 않도록 한다)

    −스팀 주입(균형잡힌 스팀의 주입이 필요하다)

    −혼합하기(혼합시간을 길게 하는 것이 부드러운 거품을 만들기에 좋다)

    −가열하기(65℃를 넘으면 단백질이 열에 의해 응고되어 표면에 막이 생긴다)

5. 아싱

    −스팀 노즐용 젖은 행주 사용

    −사용 후 열에 의해 응고되기 전에 신속하게 청소해야 한다.

    −노즐팁을 수시로 닦아야 한다.

6. 피처를 돌리면서 롤링하기

    −우유의 부드러움을 살리기 위해 거친 거품 정리하기

7. 우유거품 따르기

    −기호에 따라 우유를 이용한 에칭을 만들 수 있다.

CHAPTER 10

커피 기구 및 용어

Chapter 10 커피 기구 및 용어

01 에스프레소 커피 머신

• 전원스위치 : 장치를 켜거나 끄는 스위치

• 포터필터(필터홀더) : 커피분말이 들어 있는 금속여과기(바스켓)가 들어 있는 부분. 손잡이가 달려 있어 그룹헤드에 장착하기 편리하다.

• 그룹헤드 : 추출수가 나오는 곳으로 바 스켓이 장착된 포터필터를 장착하는 곳

• 바스켓 : 카페 에스프레소를 추출하기 위해 원두가루를 담는 곳
• 스팀 노즐 : 우유의 거품을 내는 장치

• 증기조절기 : 증기 노즐에서 나오는 증기의 양을 조절하는 조절기

- 온수추출구 : 온수를 따로 받을 수 있다. (기계 안에 커피추출용 물통과 온수추출용 물통이 따로 장착되어 있다.)

- 드립트레이 : 필요 없는 물이 담기는 부분

- 물통 : 가열하기 전 추출을 위해 물을 모아놓은 통

02 커피 그라인더(Coffee Grinder)

- 커피를 추출하기 위해 로스팅된 커피에 가장 먼저 이루어지는 작업이다.
- 원두의 굵기에 따라 맛과 향이 결정되기도 한다.
- 로스팅한 커피를 분쇄하는 기계를 말한다. 어금니로 가는 구조인 버 그라인더(Burr Grinder)와 그물망 모양의 칼날로 순차적으로 커트하는 기구인 블레이드 그라인더(Blade Grinder)가 있다.

03 블레이드 그라인더(Blade Grinder)

블레이드 그라인더는 칼날이 돌아가면서 커피를 조각내듯 분쇄하기 때문에 커피가루의 굵기가 균일하지 않다.

에스프레소용으로 아주 가는 분쇄를 해야 한다면 오랜 시간 갈아야 하는 어려움이 있으며, 무엇보다 마찰이 심해서 열이 많이 날 수 있다. 오랜 시간 분쇄로 인하여 향이 날아갈 가능성이 있으나 가격이 저렴한 것이 장점이다.

04 버 그라인더(Burr Grinder)

버 그라인더(Burr Grinder)는 양쪽의 버 사이에서 커피가 으깨지는 방식이다. 커피가 고정된 버와 돌아가는 버 사이에서 으깨어진다.

버와 버 사이의 간격을 조절해 분쇄굵기를 조절할 수 있으며 일정한 분쇄를 할 수 있으나, 가격이 비싼 것이 흠이다.

05 소기구

_ 커피밀(Coffee Mill)

수동으로 커피콩을 분쇄하는 기구로 분쇄조절이 가능하며, 일반가정에서 많이 사용한다. 다양한 디자인으로 전시용으로 구비하기도 한다.

_ 커피 호퍼(Coffee Hopper)

로스팅된 커피를 담아놓는 통을 말한다. 분쇄하기
전 커피를 집어넣고 즉시 그라인딩한다.

_ 커피 도저(Coffee Doser)

분쇄된 커피가루가 바로 담기는 통을 말한다. 추
출하기 전 포터필터에 담기 쉽게 담겨 있어 사용하기
편하지만, 미리 분쇄하면 향이 달아나며, 산화될 우
려가 있다.

_ 넉 박스(Knock box)

커피추출 후 퍽을 버리는 통으로 중간의 턱에 포터필터의 바스켓을 내려 친
다. 퍽을 한번에 깔끔히 제거하기 위해 힘 조절에 신경을 쓴다. 퍽은 냉장고 탈
취제나 방향제 및 거름으로 사용되기도 하며, 음식물 쓰레기로 버려선 안된다.
커피 찌꺼기가 배수구로 흘러 들어가 싱크대나 건물의 배관이 막히지 않도록
유의한다.

_ 커피 퍽(Coffee Puck)

에스프레소 커피 추출 후 나오는 찌꺼기. 동그란 모양의 찌꺼기이며 쿠키, 케이크라고도 한다.

_ 탬핑(Tamping)

올바른 추출을 위하여 커피가루를 균일하게 담는 동작을 말한다.

커피 드립에 필요한 기구(Drip-물방울)

06 드리퍼

드리퍼는 여과지 위에 분쇄된 원두를 얹고 그 위에 물을 부어 커피를 추출하는 기구이다. 드리퍼 내부에 긴 홈(Rib)이 있고, 이 홈이 많고 깊이가 깊을수록 물이 잘 빠져 나간다. 또한 추출 후 여과지를 잘 걷히게 하는 역할도 한다. 플라스틱 소재와 금속, 도자기 등 재질과 디자인 또한 다양하다. 금속과 도자기는 쉽게 깨지고, 차가워져 예열하여 사용해야 하며, 가격 또한 비싸서 대중적이지 못하다.

드리퍼의 종류(회사마다 명칭이 다르다. 대부분 회사이름)

_ 칼리타(Kalita)

수평인 바닥에 추출구가 3개 있다. 직선의 홈(Rib)이 나 있다. 재질로는 플라스틱과 도자기 등으로 다양하며, 가장 많이 사용되고 있다. 느린 추출로 인하여 전용 주전자를 사용해야 한다.

_ 하리오(Hario)

회오리의 나선형 홈(Rib)이 있어서 빠른 추출에 용이하며, 부드럽고 신맛이 나는 향을 즐길 수 있다. 따뜻한 물을 충분히 넣고 추출한다. 고노형태와 비슷하다.

_ 고노(Kono)

1개의 큰 구멍이 뚫려 있으며, 원의 형태를 이루고 있다. Rib의 수가 적고, 드리퍼의 중간까지 설계되어 있다.

_ 멜리타(Melitta)

추출구가 한 개이다. Rib 1, 2인용은 드리퍼 끝까지 홈(Rib)이 나 있고, 3, 4인용은 드리퍼 중간까지 홈(Rib)이 나 있다.

07 주전자(Drip Pot)

추출을 위해 분쇄한 커피에 뜨거운 물을 붓기 위하여 사용하는 기구이다. 물줄기의 기울기와 간격, 속도에 따라 커피의 맛이 크게 달라진다. 물이 나오는 배출구가 일반 주전자와는 달리 길며 S자 모양을 하고 있다.

_ 여과지(Filter)

여과지에는 종이(Paper)필터와 융(Cotton Flannel)필터가 있다. 종이필터는 커피의 지방성분을 흡수하여 걸러주기 때문에 깔끔한 맛의 커피를 즐길 수 있으며, 융필터는 지방성분을 완전히 흡수하는 것이 아니어서, 나름 걸쭉하면서 구수한 커피향을 즐길 수 있다.

	종이(Paper)필터	융(Flannel)필터
차이	• 깔끔한 맛의 커피 • 1회용 필터. 간편함 • 천연펄프와 표백필터	• 담백하고 구수한 맛의 커피 • 사용 전후에는 필터를 삶거나, 빨아서 밀폐용기에 담아 냉장 보관해야 한다. • 여러 번 사용. 번거로움 • 천연섬유인 면(광목류) • 융은 항상 젖은 채로 보관해야 한다.

_드립서버(Drip Server)

드리퍼 아래 놓고 추출되는 커피를 받는 기구이다. 드립서버(Drip Server) 옆면에 눈금이 있어서 추출되는 커피의 양을 확인할 수 있다. 드립서버(Drip Server)의 재질로는 유리제품과 플라스틱이 있으나 유리제품이 더 많이 애용되고 있다.

_ 온도계(Thermometer)

커피 추출수의 온도를 체크하는 기구이다. 추출수의 온도는 커피의 맛과 향
에 많은 영향을 미친다. 커피를 마시기
에 적당한 온도를 체크하는 것 또한 아
주 중요한 일일 것이다. 드립커피의 경우
80~86℃가 추출수 온도로 적당하며, 커피
머신일 경우에는 88~96℃가 적당하다. 추
출 후의 온도와 15~20℃ 정도 차이나면
마시기에 좋은 온도가 된다.

_ 타이머(Timer)

커피메뉴의 추출시간을 측정하는 기구이
다. 커피 맛에 영향을 주는 요인 중 추출시
간은 길수록 텁텁하며, 쓴맛이 많이 나며,
짧을수록 신맛이 많으며, 풍부함이 떨어지
며 균형 잃은 싱거운 커피가 된다. 기호나
분쇄커피의 종류에 따라 시간을 달리하면
다양한 커피 맛을 즐길 수 있다.

_ 계량스푼(Measuring Spoon)

추출하는 커피의 양을 계량하는 기구이
다. 에스프레소 한 잔의 커피양은 7~10g
정도이다. 드립커피는 10~15g 정도로 계
산되지만, 로스팅과 추출량 기호에 따라 계
량되는 커피의 양을 가감할 수 있다.

_ 캐맥스

전용필터를 사용해야 한다. 보리성분이
함유된 전용필터는 부드러운 맛을 느낄 수
있으며, 금속 필터인 콘필터는 거친 맛을
느끼게 한다.

_ 샷 글라스

에스프레소 커피의 양을 체크하기 위하
여 눈금이 그려진 유리잔이다. 커피 크레마
를 포함한 에스프레소 커피의 양이 눈금에
걸쳐져 있어야 하며, 눈금을 보는 방법은
잔의 눈금과 눈이 수평이 되게 한다.

_ 에스프레소

차를 추출하는 방식으로 굵게 분쇄한 커
피가루를 금속의 망에 넣고, 물을 충분히
부어 우려내는 방식이다. 커피를 추출하는
방법이 쉬우며, 초보자들이 주로 애용하는
방법으로 차를 마실 때와 비슷하게 마시면
된다. 추출시간은 3~4분 정도면 충분하다.

● 데미타스(Demitasse)

프랑스어로 demi는 '반'이란 뜻이며, tasse는 '잔'이란 뜻이다. 일반적으로 사용하는 커피잔의 반이란 뜻으로 일반잔의 용량 160~180ml 정도의 반으로 80~90ml가 된다.

_수동 로스터

● 망

망에 커피콩을 넣고 흔들어가면서 직화로 로스팅하는 방법이다. 손쉬운 방법이지만, 가스레인지 주변에 커피의 외피가 벗겨져 주변이 어지러워질 수 있다.

● 프라이팬

원초적이며 가장 손쉬운 로스팅 방법이다.

CHAPTER 11

커피와 건강

Chapter 11 커피와 건강

기호음료로서 세계인구의 3분의 1 이상이 즐겨 마시는 커피는, 처음에는 약리효과 때문에 널리 퍼지게 되었다고 전해진다. 중세에서 근대에 이르기까지 의약품으로 사용되었고, 우리나라에서는 한국전쟁 이후 커피 소비가 급속히 증가하였다.

한때, 건강에 관심이 있는 사람들은 커피를 피해야 할 음료로 여기기도 했다. 그러나 카페인의 효과가 발견되면서 커피에 대한 열띤 토론이 시작되었다. 최근에는 과학적인 분석과 임상실험 결과, 커피가 몸에 해롭지만은 않다는 사실이 밝혀졌으며 의학적인 관점에서 조명을 받고 있다.

커피가 건강에 미치는 긍정적인 영향

● 위암 예방효과

일본 아이치현 암센터연구소 연구진(다케자키 토시로 등)은 약 2만 명을 대상으로 실시한 역학조사에서 커피를 매일 3잔 이상 마시는 습관이 있는 사람은 마시지 않는 사람보다 위암에 걸릴 위험률이 절반 정도밖에 안되는 것으로 밝혀졌다고 발표했다. 이 연구소에서는 지난 96년에도 커피와 직장암과의 관계를 조사, 커피가 직장암 발생을 억제한다는 사실을 밝혀낸 바 있다.

이처럼 커피가 위암 발생률을 낮추는 것은 커피에 포함되어 있는 항산화물질 등이 암세포 발생을 억제하고 커피를 즐겨 마시는 사람들이 좋아하는 서양식 식생활이 위암에 예방적으로 작용하기 때문인 것으로 분석됐다.

● 간암 예방효과

일본 산교의과대학 연구진(도쿠이 노리타카 등)은 7천여 명을 대상으로 커피와 간암예방효과를 조사, 발표했다. 커피를 종종 마시는 사람은 전혀 마시지 않는 사람보다 간암으로 사망할 위험률이 30% 낮고, 커피를 매일 마시는 사람의 경우는 사망률이 60%나 낮은 것으로 밝혀졌다.

● 혈압 강화효과

커피를 마시면 일시적으로 혈압이 올라간다. 그래서 이제까지 커피는 혈압을 올라가게 한다는 생각이 상식이었다. 일본 호이 의과대학 연구진(와카바야시 카오스 등)은 약 4천 명의 중년 남성들을 대상으로 커피 마시는 습관과 혈압의 관계를 조사했다. 그 결과 커피를 즐겨 마시는 사람은 오히려 혈압이 낮은 것으로 밝혀졌다.

그에 따르면 커피를 매일 1잔 마시면 확실히 최대혈압이 0.6mmHg, 최소혈압이 0.4mmHg 내려가는 것으로 밝혀졌다. 그리고 매일 커피 마시는 양이 늘어남에 따라 혈압이 내려가는 정도가 비례했다.

● 당뇨병 예방효과

커피의 혈당강화효과가 뛰어나 당뇨병의 혈당수치를 50% 이상 감소시킨 임상 결과가 발표되기도 했다. 실제로 당뇨병으로 고생하는 사람에게 하루 3잔씩 신선한 블랙커피를 마시게 했는데 몸이 좋아진 것을 확실히 느낀다고 했다.

● 계산력 향상효과

카페인이 들어 있는 식품이 머리를 맑게 해주고 일의 능률을 향상시켜 준다는 것은 일상적으로 많은 사람들이 경험하고 있다. 그러면 왜 커피를 마시면 계산력이 향상되는 것인가? 연구자들은 카페인에 신경을 활성화하는 작용이 있기 때문인 것으로 생각하고 있다.

하루 120~200mg(커피 1~2잔) 정도 섭취한 카페인은 대뇌피질 전반에 작용, 사고력을 높이고 의식을 맑게 해 지적인 작업을 활발히 할 수 있도록 해준다. 단 일의 능률을 높이기 위해 여러 잔의 커피를 계속 마시는 사람이 있는데, 커피성분엔 위산분비를 촉진하는 작용도 있기 때문에 위가 약한 사람은 주의할 필요가 있다.

● 다이어트 효과

커피는 대사를 항진시켜 체중감량을 도와주기도 한다.

카페인은 신체의 에너지 소비량을 약 10% 올린다. 즉 같은 것을 먹어도 카페인을 섭취한 사람 쪽의 칼로리 소비가 1할 높게 되어 비만을 방지한다. 카페인은 글리코겐보다 피하지방을 먼저 에너지로 변환하는 작용을 한다.

● 음주 후 숙취 방지와 해소

술에 취한다는 것은 알코올이 체내에 분해되어 아세트알데히드로 변하는 것이며 이것이 몸에 오랫동안 남아 있는 것이 숙취현상이다. 카페인은 간기능을 활발하게 하여 아세트알데히드 분해를 빠르게 하고 신장의 움직임을 활발하게 하여 배설을 촉진시킨다. 술을 마신 후 한 잔의 물과 커피를 마시면 큰 도움이 된다.

● 입 냄새 예방

커피에 함유되어 있는 Furan류에도 같은 효과가 있다. 특히 마늘의 냄새를 없애는 효과가 높다. 단, 커피에 우유나 크림을 넣으면 Furan류가 먼저 이쪽에 결합하기 때문에 효과가 없어진다.

이 밖에 하루에 커피 4잔 이상을 마시는 사람은 그렇지 않은 사람에 비해 대장암에 걸릴 확률이 24%가량 낮았으며, 커피가 우울증과 자살률을 떨어뜨려 알코올 중독을 치료하는 효과가 있다는 외국의 연구보고도 있다. 또한 운동 시 지구력을 높인다. 마라톤 선수가 레이스 중에 마시는 드링크에 카페인음료가 많은 것은 이 때문이다.

● 노화방지 및 치매예방 효과

폴리페놀이 노화의 주범인 활성산소를 제거하여 노화를 방지하고, 트리고넬린은 치매를 예방한다. 하루 3~5잔의 커피는 체질에 따라 건강에 좋으나, 임산부나 어린이는 1잔 이내로 마시는 것이 좋다.

최근 유명 커피점에서 판매되는 휘핑크림이 포함된 20온스(600㎖)짜리 커피의 경우, 고칼로리(720㎉), 고지방(포화지방 11g)으로 많이 섭취하게 되면 체중 증가의 원인이 되며, 성인병의 원인이 된다. 단맛에 길들여져 많은 커피를 주의하지 않고 마시게 하는 원인이 된다.

부정적인 영향

커피를 마시면 나타나는 대표적인 증상으로는 숙면을 취할 수 없다는 것이다. 커피 속의 카페인이 중추신경을 자극하기 때문이다. 카페인의 혈중농도가 절반으로 줄어드는 반감기는 대개 4시간이다. 따라서 숙면을 취하기 위해서는 저녁 식사 후 잠들 때까지는 커피를 삼가야 한다.

커피는 건강한 사람에게는 중추신경을 자극, 기분전환과 함께 작업능률을 올려주지만 피로가 쌓인 경우 피로를 더욱 가중시키므로 피하는 것이 좋다.

커피가 위벽을 자극, 위산분비를 촉진하고 위장과 식도를 연결하는 괄약근을 느슨하게 만들어 위산이 식도에 역류, 속쓰림을 악화시킬 수 있다.

하루 6잔의 커피를 마시는 사람에게서 위궤양 발병률이 높다는 보고가 있다. 레귤러(regular)커피나 디카페인(decaffeinated)커피도 마찬가지이다. 그러므로 위산과다가 있거나 속쓰림 등 위궤양 증상이 있는 사람은 되도록 커피를 마시지 말아야 한다.

커피는 장의 연동작용을 촉진하므로 급만성 장염이나 복통을 동반한 과민성 대장질환이 있는 경우도 마시지 않는 것이 좋다.

커피와 심장병 또는 동맥경화와의 관계는—지금까지의 연구결과에서 드러나진 않았지만—하루 5잔 이상의 커피를 마시면 심근경색 발생률이 2, 3배 증가하게 된다.

심장이 예민한 사람에서는 심장이 불규칙하게 뛰는 부정맥을 유발하여 혈압과 콜레스테롤 수치를 높일 수 있다. 대개 카페인 250mg은 호흡수를 늘림과 함께 1시간 내에 수축기 혈압을 10mmHg 상승시키고, 2시간 내에 심박수를 증가시킨다. 또 600mg 정도를 마시면 기관지가 확장된다.

이 밖에 커피는 콩팥에 작용, 소변량을 늘려 탈수현상을 초래하고 목소리를 잠기게 하는가 하면 불안, 흥분과 같은 부작용을 유발하기도 한다.

하루에 커피를 석 잔 이상 마시면 여성은 임신이 잘 안될 수 있고, 임신한 여성은 조산의 위험이 높아진다는 연구결과도 있다.

결론적으로, 커피는 기호식품일 뿐이다. 건강과 관련지어 지나친 걱정이나 기대를 하는 것은 바람직하지 않다. 중요한 것은 사람마다 유전적으로 카페인 분해효소의 능력에 차이가 있으므로 스스로 경험을 통해 적당량을 조절해 마셔야 한다는 것이다.

CHAPTER 12

다양한 커피음료

다양한 커피음료

01 커피음료

카페 에스프레소

커피기계의 펌프압력으로 30초 정도의 짧은 시간에 추출하는 커피. 모든 커피 메뉴의 기본으로 에스프레소 커피 한 잔으로 커피의 질을 평가할 수 있다. 설탕이나 크림 등의 다른 첨가물을 넣지 않고 즐기면 커피의 참맛을 느낄 수 있다. 이게 바로 커피 마니아들이 즐겨 찾는 형태이다. 초보자들은 우유와 설탕을 넣어서 마시다가 점점 그 양을 줄여나간다. 이는 이태리인들이 즐기는 커피 형태이다.

카페 마키아토

에스프레소 커피와 우유거품이 조화된
커피이다. 부드러운 에스프레소 커피를 맛
볼 수 있어 쓴맛이 부담스러운 이들이 좋아
한다. 에스프레소 커피를 추출한 다음 스팀
노즐을 이용해 우유거품을 낸다. 거품낸 우
유를 에스프레소 커피 잔에 부으면 완성된
다.

카페 콘파냐

에스프레소 커피 위에 생크림을 얹은 것
으로 달콤한 맛을 좋아하는 이들에게 적당
하다. 추출한 에스프레소 커피에 설탕을 넣
은 다음 그 위에 생크림을 올리면 완성된
다.

캐러멜 마키아토

마키아토커피, 캐러멜 시럽, 우유로 만들어진 커피. 부드러운 에스프레소 커
피와 달콤한 캐러멜 맛을 느낄 수 있다. 에스프레소 커피를 추출한 다음 스팀
노즐을 이용해서 우유거품을 낸다. 거품낸 우유를 에스프레소 커피에 붓고 그
위에 캐러멜 시럽을 올리면 완성된다.

카페라테(미국의 스타벅스에서 처음 선보임)

우유를 이용해서 만드는 대표적인 커피로 프랑스에서는 카페오레로 불린다. 부드러운 카페라테는 양을 많이 해서 큰 잔에 마시는 것이 일반적이다. 와이언 밀크커피, 영국식 밀크커피, 서인도풍 밀크커피 등은 카페라테의 응용이다. 우유를 따뜻하게 해서 잔에 부은 다음 따뜻한 커피를 붓고 섞으면 완성된다.

카페 아메리카노

에스프레소 커피에 뜨거운 물을 넣어서 진하고 쓴맛을 줄인 커피이다. 180cc가량의 물에 에스프레소 커피를 넣으면 무난한 맛을 낼 수 있다. 에스프레소를 추출한 다음 뜨거운 물을 넣는다. 기호에 따라 설탕이나 시럽을 넣어 마시는데, 칼로리가 낮아서 젊은 여성들에게 인기가 있다고 한다.

카페 카푸치노

카페라테와 함께 많은 사람들이 즐기는
커피로 거품으로 다양한 모양을 디자인해
보는 재미도 쏠쏠하다. 에스프레소 커피를
추출한 다음 휘핑한 우유와 우유거품을 올
려주면 완성된다.

카페 모카

에스프레소 커피와 생크림, 초콜릿 시럽이 조화를 이룬 커피이다. 단맛이 강
해서 젊은 층에게 인기가 많다. 초콜릿 시럽을 잔에 넣은 다음 추출한 에스프
레소 커피를 부어준다. 그 다음 데운 우유를 넣어 저어주고, 그 위에 생크림을
얹으면 달콤한 맛을 즐길 수 있다.

카페 비엔나

커피 위에 휘핑크림을 올린 커피이다. 실제로 오스트리아 빈 지역에서는 이 메뉴가 없지만 세계적으로 널리 마신다고 한다. 스노 커피, 카페 플라멩고, 러시안 커피 등은 비엔나 커피를 응용한 것이다. 잔에 설탕을 넣고 따뜻한 커피를 부은 뒤 저어주고 그 위에 생크림을 얹으면 완성된다.

02 커피를 맛있게 즐기는 방법

커피의 맛은 수질과 커피의 혼합비율, 그리고 끓이는 온도와 추출시간 등에 의해 달라진다.

● 혼합비율을 잘 맞춘다

레귤러커피의 경우 10g 내외의 커피를 130~150cc의 물을 사용해서 100cc 정도 추출하는 것이 적당하다. 3인분이면 400cc의 물에 30g의 커피를 넣고 300cc를 추출한다. 인스턴트커피는 1인분에 1.5~2g이 적당하다.

● 깨끗한 물을 사용한다

광물질이 섞인 경수보다는 연수가 적당하다. 냄새나는 물을 사용해서도 안 된다. 가장 깨끗한 물로 만들어야 맛있는 커피를 맛볼 수 있다.

● 65~75℃가 가장 맛있다

커피를 추출하기에 적당한 온도는 85~95도라고 하며, 65~75℃에서 가장 맛있다고 한다. 100도가 넘으면 카페인이 변질되어 쓴맛이 나고, 65℃ 이하의 온도에서는 타닌의 떫은맛이 남는다. 끓여서 추출된 커피를 따랐을 때의 적당한 온도는 80~83도이며, 설탕과 크림을 넣었을 때에는 65℃가 적당하다고 한다.

● 크림은 설탕 다음에 넣는다

커피에 크림을 넣을 경우, 액상 또는 분말 어느 것이든 설탕을 먼저 넣어 저은 다음에 넣는다. 커피의 온도가 85도 이하로 떨어진 뒤 크림을 넣어야 고온의 커피에 함유된 산과 크림의 단백질이 걸쭉한 형태로 응고되는 것을 막을 수 있다.

03 커피와 어울리는 음식들

커피의 맛을 더해주는 부재료 중 커피의 주체는 물론 커피다. 엄선된 커피콩을 알맞게 볶은 후의 은은한 향은 그 자체만으로도 충분히 매력적이다. 하지만 커피는 기호음료이기 때문에 개인의 취향에 따라 여러 가지 부재료를 섞을 수 있다. 커피의 달콤한 맛을 더해주기 위해 설탕을 넣거나 우유 또는 생크림을 넣어 부드러운 맛을 더해주기도 한다. 또한 계피, 박하, 생강 등의 향신료를 첨가하거나 술을 떨어뜨려 커피와 술의 향이 어우러지게 할 수도 있다. 이처럼 부재료들은 커피와 함께 사용되어 커피 맛을 더욱 다양하게 만들어준다.

단맛이 있는 과자는 설탕이나 크림이 들어간 커피보다 약간 쓴맛의 블랙커피와 먹어야 맛있다. 생크림이 듬뿍 묻은 케이크는 에스프레소와 함께 깊은 밤처

럼 까만 커피와 동트는 아침 같은 하얀 우
유와의 만남이 멋진 조화를 이룬다. 또 담
백한 하드롤이나 샌드위치, 토스트 등은 연
한 브랜드 커피의 그윽한 맛과 잘 어울린
다. 이렇게 커피와 함께 어우러지는 음식들
을 알아보자.

● 우유와 크림

커피와 가장 잘 어울리는 식품은 우유. 커피의 단점 중 하나는 칼슘의 흡수
를 방해하는 것인데, 우유에는 칼슘 함량이 높아 커피의 부족분을 채워줄 수
있기 때문이다. 커피에 우유를 넣어 마시는 유명한 카페오레도 프랑스에서 의
료용으로 개발됐다고 한다.

우유에는 다량의 단백질과 지방산이 함유돼 있어 커피에 크림 대신 타 마시
면 크림보다 더욱 부드러운 맛이 나고, 우유의 유당 때문에 단맛까지 난다. 단
지 우유를 사용하면 수분이 많아서 커피를 많이 희석시키기 때문에 분말크림과
액상크림을 많이 사용한다. 액상크림은 동물성 크림으로 지방함량이 매우 높기
때문에 다이어트를 하는 사람은 피해야 할 품목이다. 분말크림은 식물성이라
지방성분은 적지만 칼로리가 높고 인스턴트커피와는 어울리지만 원두커피와는
잘 어울리지 않는다.

● 견과류와 초콜릿

고소한 맛을 즐기고 싶을 때는 아몬드나 땅콩을, 달콤한 맛을 원할 때는 초콜릿을 넣어 먹으면 더욱 맛있다. 열량이 적기 때문에 다이어트 식품으로도 그만인 아몬드는 담백한 맛이 커피와 잘 어울린다. 초콜릿의 단맛을 좋아하는 사람들에게 제격이다.

설탕 대신 초콜릿을 1/4조각(3큰술) 정도 넣어주면 첫맛은 향이 부드럽고 달콤하면서도 뒷맛은 쌉쌀한, 특이한 초콜릿 커피 맛을 즐길 수 있다.

● 술

커피에 술을 넣으면 맛과 향기가 좋아진다. 대표적인 메뉴는 아이리시 커피. 단 그 양이 지나치게 많으면 커피 본래의 향을 즐길 수 없으니 주의해야 한다.

술은 위스키 · 와인 · 럼 외에 여러 가지 리큐르가 커피와 잘 어울린다. 커피에 위스키 1~2방울을 떨어뜨려 잘 저은 뒤 마시면 잠이 안 오거나 몸이 추울 때 도움이 될 수도 있다. 소량이기 때문에 취할 정도는 아니지만 체온을 높여주고, 몸의 긴장을 풀어주기 때문에 숙면에 도움이 된다.

● 차와 콜라

차도 커피와 잘 어울리는데, 물 대신 홍차 등으로 커피를 추출하면 훌륭한 음료가 된다.

그러나 차를 떫지 않고 맛있게 우려내고 커피와 섞이는 시간 등으로 다시 차 맛에 영향을 미치기 때문에 맛있게 만들려면 어려운 면이 있다.

인스턴트커피에 물만 부어 블랙커피를 만든 뒤 콜라와 1대1의 비율로 섞어 보면 톡 쏘는 콜라 고유의 맛과 향긋한 커피 맛이 어우러져 특이한 콜라커피가 만들어진다.

CHAPTER 13

나라별 커피문화

Chapter 13 나라별 커피문화

01 아랍

아랍인들의 하루는 아침기도와 커피로 시작되는데 아침기도를 마치는 대로 커피를 만들어 마셨다. 이에 따라 아랍에선 빠른 시기에 커피하우스가 등장했다. 남자들은 커피하우스에 모여 커피를 마시며 다양한 주제에 대해 토론을 벌이곤 한다. 이를 대변하듯 유럽 여행가들이 '아랍에는 커피를 추출하고 마시는 것에 관련된 예절의 법도가 있다'라고 기록하고 있다. 그들은 커피를 마시기 전에 절을 하고 상대를 존경한다는 표현을 많이 한다.

02 브라질

세계 커피 생산량의 약 30%를 차지하고 질 좋은 커피를 생산하는 것으로 유명한 브라질은 세계 최대 생산국답게 하루 평균 10잔 정도의 커피를 마신다고 한다. 강하게 배전하여 진하게 추출한 커피가 대중적이며 설탕만 넣어 데미타쎄에 따라 마신다. 브라질에서 생산되는 거의 모든 커피는 산토스 항구에서 수출하는데 여기서 '산토스'라는 커피 이름이 유래되었다.

03 에티오피아

'커피의 원산지'라는 것에 대한 자긍심이 대단하다. 그들에게 한 잔의 커피는 단지 맛을 음미하는 수준의 것이 아니라, 그들의 생활 속에 깊이 뿌리 박힌 문화와 전통을 계승하는 것이다. 마치 신성한 종교의식을 치르는 것처럼 향을 피우고, 생두를 씻고, 주석냄비에 볶아서 나무절구로 곱게 빻는 이러한 준비과정을 통해서 그들만의 문화와 전통을 계승하고 있다.

04 인도

인도 사람들은 우유에 뜨거운 커피를 부어 마시는데, 남부지방에서는 설탕을 충분히 넣어 커피와 함께 단맛을 즐기는 것으로도 유명하다. 때때로 바나나, 망고스틴 또는 손에 쥐고 먹는 튀김과자와 함께 커피를 즐기는 것도 이채롭다.

05 이탈리아

에스프레소 커피와 함께 이른 아침 골목카페와 길거리에 수다스러운 입담과 함께 마시는 커피의 향기는 이미 그들의 생활이 되어버린 지 오래다. 이들은 주로 곱게 분쇄해 데미타스에 담아 그대로 마시거나 설탕을 넣어 마시는가 하면 아침에는 코냑을 넣기도 한다. 그들에게 커피는 생활과 삶의 원동력, 예술의 혼, 대중의 문화 그리고 정열적인 사랑을 한데 섞어놓은 삶의 결정체인 것이다.

06 그리스

아침 그리고 오후 3시와 5시 세 번 정도 커피를 즐겨 마신다는 그리스. 이들은 커피를 마시고 난 후에 잔을 엎어서 커피가 그리는 모양으로 앞날을 예측하는 커피 점(占)이 유명하다. 커피에 우유를 넣어 마시는 것을 좋아하고 케이크, 치즈, 파이 등과 함께 즐겨 먹는다.

07 러시아

러시아는 그 환경적인 영향 때문에 코코아가루에 커피를 붓고 설탕을 넣어서 마시는 러시아 특유의 커피인 '러시안 커피'로 유명하다. 또 각 지방의 특색에 따라 커피에 우유, 크림을 넣거나 설탕 대신 잼을 넣기도 하는데, 최근에는 레몬이나 사과 등의 과일로 장식한 커피가 유행하고 있다. 러시아 사람들은 단맛을 즐기기 때문에 커피와 함께 베이커리를 즐겨 먹는다.

08 콜롬비아

콜롬비아 사람들이 흔히 마시는 커피는 '틴토'인데 뜨거운 물속에 흑설탕을 넣고 끓여서 녹인 후 불을 끄고 커피가루를 넣어 저은 뒤 가루가 모두 가라앉을 때까지 5분쯤 두었다가 맑은 커피만 마시는 것을 말한다.

09 프랑스

모카맛으로 추출한 커피에 데운 우유를 넉넉하게 넣은 커피인 '카페오레'를
주로 마시며 프랑스인들의 아침이다. 스페인에서는 '카페콘레체', 이탈리아에
서는 '카페라테'로 불린다.

10 오스트리아

오스트리아 사람들에게 커피는 단순히 커피가 아니라 그들의 음악적 여유와
아름다움을 반영하는 것이다. 블랙이면 모카, 밀크라면 브루넷이라 불리는 메
뉴도 그들의 음악적 정서를 잘 반영하고 있으며, 유명한 비엔나커피도 본고장

비엔나에서는 '멜란제'라 불리고 있다.

　*멜란제 : 커피와 데운 우유를 1 : 1비율로 넣은 커피

11 체코

　체코 사람들은 대체로 유럽식 커피를 좋아하는데 특이한 것으로 호밀커피를 들 수 있다. 호밀을 볶아 빻고 뜨거운 우유와 커피를 부어 마시는 음료로 '체코의 모닝커피'라고 한다.

12 에콰도르

　에콰도르 사람들은 오후 4시 반경 커피타임을 두고 사람을 초대하는 습관이 있다. 이들은 보통 원두를 갈아 드립식으로 추출하는데, 아침에 하루 동안 마실 커피를 만드는 일이 주부의 일과 중 하나라고 한다.

13 독일

　독일에서도 커피는 인기음료다. 하지만 과거 프리드리히 대왕은 커피를 금지했었다. 그것은 커피가 생산되는 식민지가 없었던 독일은 비싼 가격으로 커피를 수입해야 했기 때문이었다. 이러한 커피 금지정책으로 커피 냄새를 찾아 돌아다니는 사람을 정부에서 파견했을 정도였다고 한다.

14 미국

미국에서는 1767년 차에 세금을 부과한 타운젠트 법안이 통과되면서 커피를 마시기 시작했다. 평균적으로 엷고 담백한 커피가 주류를 이루고 있는데, 우리가 흔히 '아메리칸 커피'라고 부르는 것이다. 이들은 엷고 담백한 맛을 위해 약배전한 원두를 쓰는데 설탕이나 크림을 넣지 않고 큰 잔에 담아서 마신다. 최근에는 배전의 강도가 높은 원두를 쓰면서 커피물을 많이 사용하여 연하게 추출하기도 하고, 인정의 천국답게 각국의 이민자들이 풀어놓은 다양한 커피가 함께한다.

15 베트남

베트남은 아시아에서 커피를 가장 많이 소비하는 국가이다.

또한 세계에서 브라질 다음으로 커피가 가장 많이 생산되는 나라이며, 로부스타종 이 가장 많이 생산되는 나라이다. 베트남 커피는 커피추출기구인 핀(Fin)을 사용하며, 연유를 먼저 붓고 추출한 커피를 섞어 마신다. 오랜 기간 프랑스의 지배를 받아서 프랑스로부터 자연스럽게 커 피문화가 들어왔다.

다람쥐 똥 커피인 콘삭커피처럼 커피는 다양한 형태로 발전되었으며, 중후 한 맛과 향이 오래남는 것이 특징이다.

16 일본

일본은 차(茶)가 주를 이루던 1970~80년대를 다방문화의 전성기로 보고 있 으며, 1990년대에 들어서면서 다방문화가 쇠퇴하고 브랜드커피가 인기를 얻 기 시작했다. 다도문화로 잘 알려진 일본은 녹차, 홍차, 말차에 이어 커피문화 도 특색 있게 발전하고 있다. 좋은 원두구입을 위하여, 산지를 다니며 유기농 커피 개발과 재배에 힘을 쓰며, 원두에 따른 로스팅 방법을 선택하고 개인의 취향에 맞는 커피를 선호한다. 특히, 깔끔한 맛과 향의 드립커피가 발달되었으 며, 카리타, 하리오와 같은 각종 드리퍼가 만들어졌다.

맛있는 커피메뉴
레시피

Chapter 14 맛있는 커피메뉴 레시피

카페 에스프레소(Caffé Espresso)

모든 커피 메뉴의 기본이 되며, 아주 진한 이탈리아식 커피 메뉴이다. 영어의 'Express(빠르다)'에서 유래되었다. 에스프레소 커피 한 잔으로 커피의 질을 평가할 수도 있고, 설탕이나 크림 등의 다른 첨가물을 넣지 않고 즐기면 커피의 참맛을 느낄 수 있다.

재료 : 커피 7g. 펌프의 압력으로 30초 안에 빠르게 추출하는 커피(1잔)

카페 마키아토(Caffé Macchiato)

마키아토란 이탈리아어로 '점찍다, 때묻다, 흔적을 내다'란 뜻이다. 진한 에스프레소 커피에 우유를 조금 얹는 것이다. 부드러운 에스프레소 커피를 맛볼 수 있어 쓴맛이 부담스러운 이들이 자주 찾는다. 양이 아주 적은 것이 특징이다.

재료 : 커피, 우유. 에스프레소와 우유거품이 조화된 커피

① 에스프레소 커피를 추출한다.

② 스팀 노즐을 이용해 우유거품을 낸다.

③ 거품낸 우유를 에스프레소에 아주 조금 넣는다(1 : 1 비율).

카페 콘 파냐(Caffé Con Panna)

이탈리아어로 콘(Con)은 '섞다'란 뜻이며, 파냐(Panna)는 '크림'이란 뜻이다. 에스프레소 커피 위에 풍성한 휘핑크림을 얹어내는 아름다운 메뉴이다. 달콤한 맛을 좋아하는 이들에게 권하는 커피이다.

재료 : 커피, 생크림(또는 설탕). 에스프레소 위에
생크림을 얹은 메뉴

① 에스프레소 커피를 추출한다.

② (커피에 설탕을 넣는다.)

③ 그 위에 생크림을 올린다.

캐러멜 카페 마키아토(Caramel Caffé Macchiato)

카페 마키아토(Caffé Macchiato)의 변형된 메뉴이다. 캐러멜 시럽을 이용한 아트를 해서 마시면 새로운 분위기를 연출할 수 있다.

재료 : 커피, 캐러멜 시럽, 우유. 부드러운 에스프레소와 달콤한 캐러멜 맛을 느낄 수 있다.

① 에스프레소 커피를 추출한다.

② 스팀 노즐을 이용해 우유거품을 낸다.

③ 거품낸 우유를 에스프레소에 붓고, 위에 캐러멜 시럽을 올린다.

카페 라테(Caffé Latte)

우유를 이용한 대표적인 메뉴. 부드러운 거품의 카페 라테는 양을 많이 해 큰 잔에 마시는 것이 일반적이다. 하와이언 밀크커피, 영국식 밀크커피, 서인 도풍 밀크커피 등은 카페 라테의 응용이다.

재료 : 커피, 우유
① 에스프레소 커피를 추출한다.
② 따뜻한 우유를 붓는다.

카페 아메리카노(Caffé Americano)

미국인의 기호에 맞게 이탈리아에서 개 발한 메뉴이다. 에스프레소 커피에 뜨거운 물을 넣어 진하고 쓴맛을 줄인 커피. 180cc 가량의 물을 넣으면 무난한 맛을 낼 수 있 다. 기호에 따라 카페 리스트레토와 카페 룽고로 농도를 맞출 수 있다.

재료 : 커피, 따뜻한 물
① 에스프레소 커피를 추출한다.
② 뜨거운 물을 넣는다.

카페 라테 마키아토(Caffé Latte Macchiato)

뜨거운 우유 위에 에스프레소를 얹은 아주 간단한 메뉴 중 하나이다.

재료 : 커피, 우유(설탕 시럽)
① 따뜻한 우유를 잔에 붓는다.
② 에스프레소 커피를 추출하여, 잔에 넣는다.
③ (설탕 시럽을 넣는다.)

카페 카푸치노(Caffé Cappuccino)

우유의 거품이 가톨릭 수도자의 머리에 쓴 모자를 닮아서 카푸치노라고 이름을 붙였다고 한다. 다양한 모양의 디자인이 가능해 최근에는 디자인 카푸치노 커피가 큰 인기를 끌고 있다.

재료 : 커피, 우유(계핏가루). 가장 애음되는 메뉴 중의 하나
① 에스프레소 커피를 추출한다.
② 우유를 스티밍한다.
③ 우유거품을 에스프레소 커피 위에 채운다.
④ (거품 위에 기호에 따라 계핏가루를 뿌린다.)

카페 모카(Caffé Mocha)

단맛이 강해 젊은 층에게 인기가 많다.(Coffee라 칭하기 전의 명칭이며, Moka 항으로부터 온 콩, 독일어 표현으로 Mocha)

재료 : 커피, 우유, 초콜릿 시럽, 생크림, 초콜릿 시럽
① 분쇄초콜릿을 잔에 넣는다.
② 에스프레소 커피를 추출하여 잔에 붓는다.
③ 데운 우유를 넣고 저어준다.
④ 기호에 따라 초콜릿 넣는 순서를 달리할 수 있다.

비엔나(Kaffé Vienna)

오스트리아 수도 빈에서 유래된 커피이다. 실제 오스트리아 빈(Wien) 지역에는 이 메뉴가 없지만, 세계적으로 널리 애음된다. 스노 커피, 카페 플라멩코, 러시안 커

피 등은 비엔나 커피를 응용한 것이다.

　재료 : 커피, 우유, 초콜릿 시럽, 생크림. 커피 위에 휘핑크림을 올린 커피

　　　① 잔에 설탕을 넣는다.

　　　② 따뜻한 커피 를 넣고 젓는다.

　　　③ 따뜻한 물을 적당량 넣는다.

　　　④ 휘핑크림을 얹는다.

　　　⑤ 기호에 따라 슬라이스 된 아몬드나 견과류를 얹는다.

아이스 커피(Iced Caffé Freddo)

　에스프레소 커피를 시원하게 즐길 수 있는 메뉴이다.

　에스프레소 커피의 진한 맛을 위해서는 될수록 빨리 마시는 것이 좋다.

　재료 : 커피, 얼음. 에스프레소 커피에 얼음이 첨가된 커피

　　　① 유리잔을 차갑게 하여 미리 준비한다.

　　　② 틴컵에 에스프레소 1잔과 얼음을 넣고 젓는다.

　　　③ 얼음을 버리고 준비한 유리잔에 에스프레소를 붓는다.

아이스 카페 라테(Iced Caffé Latte Freddo)

　부드러운 맛과 커피의 풍부한 맛을 함께 느낄 수 있는 메뉴이다.

　우유 사이로 천천히 흘러내리는 에스프레소의 모양새가 볼 만하다. 커피와 우유의 온도가 동일해야 서로 섞여서 부드러운 맛을 낸다.

재료 : 커피, 얼음, 우유. 밀크커피 종류 중 가장 연한 맛을 낸다.

① 유리잔에 얼음을 넣고 데운 우유를 채운다.

② 채운 잔 위에 에스프레소를 넣는다.

아이스 아메리카노(Iced Americano) : 아이스 커피

아이스 에스프레소보다 연하고 깔끔한 맛이 특징

재료 : 커피, 얼음, 물. 에스프레소와 물, 얼음이 필요하다.

① 잔에 얼음을 가득 넣는다.

② 에스프레소 커피를 잔에 붓는다.

③ 물을 붓는다.

아이스 카푸치노(Iced Caffé Cappuccino Freddo)

가장 보편적으로 즐기는 쿨 메뉴. 우유거품의
비릿한 느낌을 줄여, 대중적인 인기를 끌고 있
다.

재료 : 커피, 얼음, 우유

① 에스프레소 커피를 추출한다.

② 얼음 넣은 컵에 우유와 에스프레소를 넣는다.

③ 우유거품으로 마무리한다.

아이스 모카치노(Iced Mochaccino Freddo)

휘핑크림 대신 우유거품을 넣어 연하고 부드러운 맛을 살렸다.

재료 : 커피, 초코가루, 얼음, 우유

① 잔에 얼음을 8부 정도 붓고 얼음을 넣는다.

② 에스프레소 커피를 넣는다.

③ 틴컵에 얼음과 우유를 넣고 믹싱해, 잔에 올린다.

아이스 라테 비엔나(Iced Latte Vienna)

에스프레소 커피 대신 우유를 넣어 아이스 비엔나에 비해 순한 맛을 낸다.

재료 : 커피, 우유, 얼음, 시럽, 휘핑크림

① 잔에 얼음과 시럽을 넣고 우유를 채운다.

② 채운 잔에 에스프레소 커피를 넣는다.

③ 휘핑크림으로 마무리한다.

아이스 라테 마키아토(Iced Latte Macchiato Freddo)

우유의 양이 다른 밀크류의 커피보다 적어 진한 맛의 밀크커피를 즐기고 싶은 이들에게 추천하는 메뉴

재료 : 커피, 우유, 얼음

① 틴컵에 우유와 얼음, 에스프레소를 넣고 믹싱한다.

② 잔에 부어 낸다.

아이스 비엔나(Iced Vienna)

특히 여성들에게 인기가 좋은 메뉴. 크림은 기호에 따라 섞거나 그냥 먹을 수 있다.

재료 : 커피, 물, 얼음, 시럽, 휘핑크림

① 잔에 시럽을 넣은 다음 에스프레소 커피를 붓는다.

② 얼음과 물을 넣는다.

③ 휘핑크림으로 마무리한다.

아이스 카페 모카(Iced Kaffé Mocha Freddo) : 오스트리아 메뉴

커피와 어울리는 재료로 알려진 초콜릿을 통해 시원하고 달콤한 맛을 느낄 수 있다.

재료 : 커피, 우유, 초코 시럽, 얼음
① 초코 시럽을 밑에 넣고, 얼음을 8부 정도 채운다.
② 우유를 넣고 에스프레소 커피를 붓는다.
③ 휘핑크림을 올린다.

카페 젤라토(Caffé Gelato)

에스프레소 커피에 떠 있는 아이스크림을 떠먹기도 하고, 커피와 같이 마셔도 된다. 간편하게 준비해서 색다른 기분을 낼 수 있는 메뉴

재료 : 커피, 아이스크림
① 차갑게 준비한 잔에 아이스크림 1스쿱을 넣는다.
② 그 위에 에스프레소 커피를 붓는다.

녹차라테(Green Tea Latté) : 녹차밀크

녹차의 쌉싸름한 맛을 즐기는 애호가들이 즐기는 메뉴이다. 어린 녹차잎을 갈아서 만든 마차를 우유와 섞어 만든 음료이다.

재료 : 녹차가루, 우유
① 잔에 녹차가루를 넣는다.

② 우유를 스티밍한다.

③ 스티밍한 우유를 넣는다.

④ 기호에 따라 녹차잎이나 도구로 에칭해서 마시기도 한다.

참고문헌 및 사이트

로즈버드(http://www.irosebud.co.kr/)

바리스타가 알고 싶은 커피학(한국커피전문가협회)

위키피디아(http://ko.wikipedia.org/)

㈜카파

커피&바리스타(박영배)

커피교과서(호리구치 토시히데)

커피마스터클래스(신기욱)

커피학개론(한국커피교육연구원)

부록

부록 1 커피바리스타 자격시험 안내

1) 자격명: 커피바리스타(1급, 2급, 3급)

2) 시행처: 한국외식음료개발원(www.kfbd.co.kr)

3) 자격안내

자격종목	등급	검정기준
바리스타 자격증	1급	전문가 수준의 뛰어난 바리스타로서의 능력을 가지고 실질적인 POS 접객 서비스, 메뉴제작, 영업 전후의 기계관리 및 위생관리, 창업에 대한 컨설팅 등이 가능하며, 전반적인 업무수행을 통해 업장총괄운영이 가능한 능력을 갖춘 최고급 수준
	2급	준전문가 수준의 바리스타로서의 능력을 가지고 있으며, 커피 기본 메뉴 제작, 서비스 제공할 수 있는 능력을 갖춘 고급 수준
	3급	지적 장애우들의 기초 메뉴제작과 서비스 정도의 수준의 능력을 갖춘 상급 수준

4) 검정방법

① 커피바리스타 자격검정은 필기검정과 실기검정으로 구분하며, 필기검정에 합격한 사람에 한하여 실기검정을 응시할 수 있다.

② 필기검정과목은 1급은 단답서술형으로 출제하는 것을 원칙으로 하며, 2급은 객관식 4지선다 선택형을 원칙으로 한다. 그리고 3급은 4지선다형으로 문항을 제출한다. 단, 특수학교 장애우들은 커피수업을 60시간 이상 이수하였을 경우 필기시험 면

제를 부여하고, 실기작업형에서는 에스프레소와 카푸치노 각 2잔을 제작 · 평가하는
것으로 한다.

5) 응시자격

커피바리스타 자격(1급, 2급, 3급)의 응시자격은 1급은 20대 이상의 고졸 이상, 2급 3
급의 경우는 학력 · 연령에 제한이 없다.

6) 시험접수 및 응시방법

한국외식음료개발원 홈페이지 참조(www.kfbd.co.kr) / 1800-6288

적중예상문제

01 현재 우리가 알고 있는 커피가 '커피'라고
불리기 시작한 시기는?

① 1550년 무렵부터
② 1600년 무렵부터
③ 1650년 무렵부터
④ 1700년 무렵부터

02 커피의 다양한 맛과 그 맛의 근원이 되는
성분이다. 틀린 것은?

① 신맛 – 지방산
② 쓴맛 – 카페인
③ 단맛 – 당질
④ 떫은 맛 – 리놀레산

해설 리놀레산은 신맛의 원인인 지방산 중 필수 지
방산이다.

03 국가별 커피 표현법 중 틀린 것은?

① 일본 – 코히(コーヒー)
② 베트남 – Caphe
③ 러시아 – Kophe
④ 이탈리아 – Kaffee

해설 이탈리아 – caffe, 독일 – kaffee

04 오늘날 상업적으로 재배되는 커피의 3대
원종에 속하지 않는 것은?

① 아라비카
② 레귤러
③ 로부스타
④ 리베리카

해설 커피의 3대 원종 : 아라비카종, 로부스타종,
리베리아종(=리베리카종)

05 커피의 품종 중 전 세계 재배의 75~80%
를 차지하고 있는 것은?

① 아라비카
② 카네포라종의 변이종
③ 로부스타
④ 리베리카

해설 카네포라종의 변이종 = 로부스타종

정답 01. ③ 02. ④ 03. ④ 04. ② 05. ①

06 커피는 6~7세기경 에티오피아의 기원에 따라 염소가 붉은 열매를 먹고 하는 행동을 통해 커피를 발견한 사람은?

① 칼디   ② 노르망
③ 실비우스   ④ 제우스

07 17세기말까지 세계의 커피공급은 어느 지역에 의존하였는가?

① 이탈리아   ② 예멘
③ 파리   ④ 메독

08 16세기경 커피에 코페아 아라비카라는 이름을 붙여 준 학자는?

① 리니우스   ② 코페
③ 테란   ④ 리브수

09 커피가 세계 각국으로 전파되었던 시기로 적당한 것은?

① 16세기 전후   ② 17세기 전후
③ 18세기 전후   ④ 19세기 전후

10 세계에서 커피를 가장 많이 소비하는 국가는?

① 일본   ② 인도
③ 미국   ④ 프랑스

11 우리나라의 기록상 커피를 가장 먼저 마신 사람은 누구인가?

① 고종황제   ② 시인 이상

③ 박영효   ④ 김홍집

12 현재 커피나무의 원산지로 인정받는 지역은?

① 아라비아   ② 영국
③ 에티오피아   ④ 말레이시아

13 오늘날의 음료로서의 커피로 발전되었던 지역은?

① 아라비아   ② 영국
③ 에티오피아   ④ 말레이시아

14 이탈리아 베네치아에서 유럽 최초의 커피하우스가 개점한 연도는?

① 1578년   ② 1645년
③ 1674년   ④ 1798년

15 우리나라 최초로 고종황제가 커피를 접한 시기는?

① 1645년   ② 1825년
③ 1882년   ④ 1896년

16 커피재배에 관한 설명이다. 맞지 <u>않는</u> 것은?

① 커피 음용이 시작된 초기, 커피는 예멘에 모여서 일부는 육로로 대부분은 홍해 항로를 따라 각지로 운반되었다.

정답 06. ① 07. ② 08. ① 09. ② 10. ③ 11. ① 12. ③ 13. ③ 14. ② 15. ④ 16. ③

② 1658년 네덜란드는 포르투칼로부터 빼앗은 실론에 모카로부터 옮긴 커피나무를 재배해서 성공했다.

③ 아프리카지역에서 발생한 사비병(coffee leaf rust)으로 인해 오히려 번성한 품종은 아라비카종이다.

④ 1600년대 동인도회사를 설립하여 바타비에 근거를 두고 커피의 재배지역을 확보한 나라는 네덜란드이다.

해설 곰팡이균에 의한 사비병에 강한 품종은 로부스타종이다. 즉, 사비병이 퍼짐에 따라 상대적으로 저항성이 좋은 로부스타종이 번성하게 된다.

17 아라비아반도 고원지대에서 생산하는 아라비카종 커피의 수출항이던 곳은?

① 모카   ② 레반토
③ 아덴   ④ 바타비아

해설 모카항의 이름에서 모카커피가 비롯됨.

18 여행가들이 "커피를 추출하고 마시는 것에 관련된 예절과 법도가 있다"라고 할 정도로 커피를 마시기 전에 절을 하고 상대를 존경한다는 표현하는 문화를 가지고 있는 지역은?

① 이탈리아   ② 그리스
③ 아랍   ④ 프랑스

19 세계 커피 생산량의 약 30%를 차지하고 있는 세계 최대의 커피 생산국은?

① 에티오피아   ② 콜롬비아
③ 미국   ④ 브라질

20 '커피의 원산지'라는 자부심을 가지고 있으며 커피를 단지 음료가 아닌 전통문화로까지 계승하고 있는 나라는?

① 에티오피아   ② 브라질
③ 그리스   ④ 독일

21 커피를 마시고 난 후에 잔을 엎어서 커피가 그리는 모양으로 자신의 앞날을 예측하는 커피점(占)으로 유명한 나라는?

① 오스트리아   ② 체코
③ 그리스   ④ 에콰도르

22 다음은 이탈리아의 커피문화에 대한 설명이다. 잘못 설명한 것은?

① '카푸치노'로 유명한 문화.
② 이른 아침 노천카페와 길거리에서 수다스러운 입담과 함께 커피를 마신다.
③ 강하게 볶은 원두를 곱게 분쇄한 커피가루를 사용하여 데미타스 잔에 담아 그대로 마신다.
④ '틴토(tinto)'를 마시는 나라.

해설 '틴토(tinto)'는 콜롬비아의 대표적 커피이다.

정답 17. ① 18. ③ 19. ④ 20. ① 21. ③ 22. ④

23 다음은 무엇에 관한 설명인가?

> 뜨거운 물속에 흑설탕을 넣고 끓여서 녹인 후 불을 끄고 커피가루를 넣고 저은 뒤 가루가 모두 가라앉을 때까지 5분쯤 두었다가 맑은 커피만을 마시는 것

① 러시안 커피(Russian Coffee)
② 콜롬비아의 틴토(tinto)
③ 카페라떼
④ 카페오레

24 다음은 각 나라와 대표적 커피를 연결한 것이다. 올바르지 못한 것은?

① 러시아 - 러시안 커피(Russian Coffee)
② 프랑스 - 카페오레
③ 오스트리아 - 카페 로열
④ 콜롬비아 - 틴토(tinto)

해설 오스트리아는 비엔나 커피로 유명하다. '카페 로열'은 커피에 코냑을 넣어 먹는 프랑스 문화이다.

25 다음은 어느 나라의 커피문화에 대해 열거한 것인가?

> ㉠ 차(茶)에 세금을 부과한 타운젠트 법안이 통과되면서 커피를 마시기 시작
> ㉡ 하루 4천 5백만 잔의 커피를 마시는 대량 소비국

① 미국
② 영국
③ 이탈리아
④ 브라질

26 다음에 열거한 커피문화 중 우리나라와 관련이 있는 것들로 바르게 연결된 것은?

> ㉠ 커피를 '嘉俳茶(가배차)'라고 기록한 문헌이 있다
> ㉡ 최초의 서양식 호텔인 손탁호텔에 최초의 커피숍 등장
> ㉢ 최초의 커피숍인 '정동구락부'
> ㉣ 커피에 의한 독실 음모사건

① ㉠
② ㉠, ㉡, ㉣
③ ㉠, ㉢, ㉣
④ ㉠, ㉡, ㉢, ㉣

27 커피나무 중 아라비카종에 대한 설명 중 틀린 것은?

① 재배고도는 해발 800m 이상
② 병충해에 약함
③ 성장속도는 빠르나 쓴맛이 강하고 향미가 약하다
④ 평평한 모양으로 기다랗고 초록빛이 도는 파란색

28 커피열매 속에는 대부분 두 쪽의 열매가 들어 있다. 그런데 씨가 하나밖에 없는 경우가 있고 그 모양이 둥근 형태인데 이것을 무엇이라 하는가?

① 피어리
② 피베리
③ 피넬리
④ 피카리

정답 23. ② 24. ③ 25. ① 26. ④ 27. ③ 28. ②

29 커피존 또는 커피벨트의 지구상의 위치는?

① 북위 23~남위 24도 사이
② 북위 28~남위 30도 사이
③ 북위 20도 이하
④ 남위 10도 이상

30 다음에 열거한 것 중 커피열매의 내부구조와 관련이 없는 것은?

① center cut   ② cherry
③ 은피   ④ 내과피

> 해설 cherry는 커피나무에 착상된 과실(커피열매)이 외형적 색이나 형태가 앵두와 비슷하다 하여 부르는 별명.

31 다음은 커피의 정제법 중 건식법에 대한 설명이다. 틀린 것은?

① 정제 기간이 약 2주 정도 필요하다.
② 비용이 많이 들기는 하지만 좋은 품질의 커피를 얻을 수 있다.
③ 아주 오랜 옛날부터 사용되던 방식으로 인공건조와 자연건조가 있다.
④ 건조탑이라는 설비를 필요로 하는 것은 인공건조에 해당한다.

> 해설 ②는 습식법에 대한 설명이다.

32 다음 빈 곳에 들어갈 말로 맞는 것은?

> 커피 과실이 숙성함에 따라 2개의 배유(胚乳)는 서로 마주본 평면 부위가 접혀 내부로 들어간 모양이 되고, 평면부의 중앙에 ( ) 라고 불리는 공간이 존재하게 된다. 배는 배유(胚乳)의 가운데 모여 있고, 과육과 내과피(內果皮)의 사이, 내과피(內果皮)와 은피(銀皮)의 사이, 은피(銀皮)와 배유(胚乳)의 사이 및 ( ) 내에서는 점질물이 모여 있다.

① flat bean   ② mucilage
③ silver skin   ④ center cut

> 해설 flat bean : 커피열매의 평평한 형태를 일컬어 부르는 말. (flat : 평평한, bean : 콩)
> mucilage : 커피열매 내부에 들어 있는 점질물.
> silver skin : 은피.

33 다음은 커피의 정제법 중 건식법에 대한 설명이다. 틀린 것은?

① 별도의 설비에 대한 투자가 필요하지 않을 수도 있는 방법이다.
② 자연법이라고도 하며 기계를 사용하거나 자연광을 이용해 3일 정도 건조시킨다.
③ 체리의 윗부분과 아랫부분을 자주 고루 섞어주어야 하며, 밤에는 이슬을 피하기 위해 한 곳에 모아 덮개를 씌워주어야 한다.
④ 인건비가 비쌀 때는 건조탑이라는 시설을 이용하여 자연건조시킨다.

정답 29. ② 30. ② 31. ② 32. ④ 33. ②

해설 건식법은 2~3주 정도의 건조기간이 소요된다.

34 다음은 커피의 정제법 중 습식법에 대한 설명이다. 틀린 것은?

① 시멘트나 콘크리트로 만들어진 건조장이나 맨땅을 이용한다.
② 비교적 현대적인 방법이다.
③ 비용은 많이 들지만 좋은 품질의 커피를 얻을 수 있다.
④ 대부분 아라비카 커피의 생산국에서 사용되고 있는 방법이다.

해설 ①은 건식법에 해당된다.

35 다음은 커피의 정제법 중 습식법에 대한 설명이다. 맞는 것은?

① 끈적끈적한 점액질(pectin)을 제거하기 위해 기계(huller)를 이용한다.
② 좋은 품질을 얻기 위해 출하와 무관하게 내과피를 빠르게 제거해야 한다.
③ 발효의 과정을 거친다.
④ 외피와 과육을 제거하기 위한 별도의 장비가 필요치 않는 것이 특징이다.

36 하루에 50kg에서 100kg의 체리를 수확하는데 이중 원두가 차지하는 비율은?

① 10%
② 20%
③ 30%
④ 40%

37 배합의 법칙 중 틀린 것은?

① 콩의 성격을 잘 알아야 한다.
② 원두는 품질이 안정된 것을 사용한다.
③ 개성이 있는 원두를 주축으로 하고 그 위에 보충의 원두를 배합한다.
④ 원두의 품질은 불규칙적으로 변화 가능성 있는 것이 좋다.

38 배전 방식의 분류 중 틀린 것은?

① 롱 타임 로스팅(Long time roasting)
② 숏 타임 로스팅(Short time roasting)
③ 원 타임 로스팅(One time roasting)
④ 인터메디에이트 타임 로스팅(Intermediate time roasting)

39 다음은 어떤 종류의 배전기에 대한 설명인가?

가장 오래되고 가장 일반적인 배전기로 원통형의 드럼을 가로로 눕힌 형태를 하고 있다. 드럼이 회전하는 것에 의해 원두가 골고루 섞이며 배전되고, 배전이 끝나면 앞쪽의 문을 열어 원두가 냉각기(cooling car)로 방출되도록 하는 방식을 택하고 있다.

① 직화식 배전기(Conventional Roaster)
② 열풍식 배전기 (Rotary fluidized bed roaster)
③ 숯불 배전기(Charcoal Roaster)

정답 34. ① 35. ③ 36. ② 37. ④ 38. ③ 39. ①

④ 마이크로 웨이브 배전기(Micro-wave roaster)

40 배전기 중 1970년대 일본에서 개발되고 열원으로 숯을 이용하는 것은?

① 숯불 배전기
② 식화식 배전기
③ 열풍식 배전기
④ 마이크로 웨이브 배전기

41 원두를 이용, 우리가 마시는 음료를 만들기 위해서는 배합(blending)을 거친 후 세 가지 공정을 반드시 거쳐야 하는데 그 공정에 속하지 **않는** 것은?

① 배전(roasting)　② 분쇄(grinding)
③ 제조(making)　④ 추출(brewing)

42 두 가지 종류 이상의 커피를 혼합하는 것으로, 궁합이 잘 맞는 커피들끼리 혼합하여 맛과 향의 상승효과를 얻고자 함이 그 목적인 과정을 무엇이라 하는가?

① 배전(roasting)　② 분쇄(grinding)
③ 배합(blending)　④ 추출(brewing)

43 커피 블렌딩(Coffee Blending)에 관한 설명이다. 맞지 **않는** 것은?

① 맛보다는 경제적인 목적, 즉 원가절감 차원에서의 커피 블렌딩이 이루어지는 경우도 상당히 많다.

② 커피를 볶는 과정으로 우리가 마시기 위해 반드시 거치게 된다.
③ 우리나라에서 볼 수 있는 원두커피는 국산이건 수입이건 관계없이 거의 100% 블렌딩 커피이다.
④ 커피 블렌딩의 시점은 로스팅 전 생두 블렌딩과 로스팅 후 원두 블렌딩으로 구분된다.

해설 ②는 배전(roasting)에 관한 설명이다.

44 좋은 블렌딩을 위한 준비로 맞지 **않는** 것은?

① 특유의 맛과 향을 혀로 익히려고 스트레이트로 마시는 것은 좋지 않다.
② 상반되는 성질의 커피를 사용하여 밸런스가 좋은 커피를 만들어 본다.
③ 같은 성질의 커피를 축으로 하고 다른 성질의 커피를 악센트로써 사용하여 일부 맛을 강조한 커피를 만들어 본다.
④ 특정의 커피를 축으로 하고, 이 특징을 잃지 않을 정도로 다른 커피를 가하여 특정의 커피 특징을 살리면서도 조화롭고 중후한 커피를 만들어 본다.

해설 오히려 여러 종류를 스트레이트로 마셔 특유의 맛과 향을 혀로 익히는 것이 좋다.

정답 40. ① 41. ③ 42. ③ 43. ② 44. ①

45 훌륭한 블랜딩의 요령으로 적합하지 <u>않는</u> 것은?

① 원두는 신선하고 좋은 것이어야 한다.

② 각 원두의 특성을 정확하게 파악하여야만 한다.

③ 브라질 등 짙은 맛이 있는 원두를 베이스로 특성 있는 원두를 배합한다.

④ 유사한 맛이 있는 원두 배합이 이상적이다.

[해설] 유사한 맛이 있는 원두 배합은 피하는 것이 좋다.

46 배전(roasting)에 관한 설명이다. 맞지 <u>않</u>는 것은?

① 우리가 커피를 마시기 위해서 볶는 과정을 말한다.

② 커피는 배전에 의해 연한 초록색에서 갈색으로 변하는 것이 일반적이다.

③ 무게는 10~20% 증가하게 된다.

④ 수분함량이 떨어지며 부피가 2배 정도 증가한다.

[해설] 무게는 10~20% 줄게 된다.

47 배전(roasting)에 관한 설명이다. 맞지 <u>않</u>는 것은?

① 원두는 약하게 볶으면 신맛이 강해진다.

② 원두는 강하게 볶으면 쓴맛이 강해진다.

③ 원두의 부피와 무게의 변화는 200℃이상의 고온에서 일어난다.

④ 강하게 볶으면 볶을수록 향이 점점 강해진다.

[해설] 너무 강하게 볶으면 향이 없어지게 된다.

48 배전 시 물리적, 화학적 변화에 대한 설명이다. 맞는 것은?

① 부피가 약 50% 팽창하고 내부가 다공성으로 변한다.

② 무게가 14~20% 증가한다.

③ 당분의 일부는 SO2 gas로 변화하고 방출되기 시작한다.

④ 당분의 일부는 기체화되어 간다.

49 다음은 배전(roasting)의 과정 중 어느 것에 관한 설명인가?

> 하프시티 로스트로 알려져 있다. 커피를 캔으로 포장해 수출할 때 주로 사용되는 방법인데 질 좋은 커피를 이 방법으로 볶는 것은 현명하지 못하다.

① 라이트 로스트 (Light Roast)

② 미디엄 로스트 (Medium Roast)

③ 하이 로스트 (High Roast)

④ 시나몬 로스트 (Cinnamon Roast)

정답 45. ④ 46. ③ 47. ④ 48. ① 49. ①

50 다음은 배전(roasting)의 과정 중 어느 것에 관한 설명인가?

> 뛰어난 신맛을 갖는 원두이며 그 신맛을 즐기고 싶다면 이 원두가 최적이다. 누런색이던 원두가 계피색을 띠게 된다.

① 라이트 로스트 (Light Roast)
② 미디엄 로스트 (Medium Roast)
③ 시티 로스트 (City Roast)
④ 시나몬 로스트 (Cinnamon Roast)

51 다음은 배전(roasting)의 과정 중 어느 것에 관한 설명인가?

> 시티, 아메리칸, 레귤러, 아침식사용 로스트라 불린다. 다목적이며 미국 사람들이 특히 좋아하며 아침식사용 또는 우유와 설탕을 넣어 마시는 일반적인 커피에 좋다.

① 라이트 로스트 (Light Roast)
② 미디엄 로스트 (Medium Roast)
③ 다크 로스트 (Dark Roast)
④ 시나몬 로스트 (Cinnamon Roast)

52 다음은 배전(roasting)의 과정 중 어느 것에 관한 설명인가?

> 단맛이 나기 시작하는 단계이다. 가장 일반적인 단계로 갈색의 커피가 된다.

① 시티 로스트 (City Roast)
② 미디엄 로스트 (Medium Roast)

③ 하이 로스트 (High Roast)
④ 에스프레소 로스트 (Espresso Roast)

53 다음은 배전(roasting)의 과정 중 어느 것에 관한 설명인가?

> 하이, 비엔나 로스트라 불린다. 원두에서 나온 기름이 막 표면을 가열하기 시작했을 때의 콩이며 색은 짙은 황갈색이고 기름 때문에 약간 광택이 난다.

① 다크 로스트 (Dark Roast)
② 미디엄 로스트 (Medium Roast)
③ 프렌치 로스트 (French Roast)
④ 에스프레소 로스트 (Espresso Roast)

54 다음은 분쇄과정에 관한 설명이다. <u>틀린 것은?</u>

① 한 잔의 좋은 커피를 얻기 위한 4대 요소 중 하나다.
② 물과 커피입자의 접촉시간이 길어질수록 분쇄된 커피입자의 크기는 커져야 한다.
③ 장식용으로도 많이 애용되는 핸드밀의 경우 정교하지 않은 제품으로도 고른 분도를 얻을 수 있다.
④ 커피 추출시간이 길면 굵게 분쇄하고, 짧으면 곱게 분쇄한다.

해설 장식용으로도 많이 애용되는 핸드밀의 경우 웬만큼 정교한 고급품이 아니고는 고른 분도를 기대하기 어렵다.

정답 50. ④ 51. ② 52. ③ 53. ① 54. ③

55 로스팅된 커피원두의 가치를 최대한 살려내기 위한 바람직한 커피 분쇄방법이 <u>아</u>닌 것은?

① 추출방법에 알맞은 분도를 선택
② 장식용으로도 많이 애용되는 핸드밀을 선택
③ 분쇄과정에서 발열과 미분을 최소화하면서 분쇄커피에 섞여 있는 삽피를 가능한 많이 걸러내는 것
④ 선택된 분도에 따라 분쇄된 커피입자의 크기가 일정하게 고른 분도를 유지

56 다음은 분쇄과정에 관한 설명이다. <u>틀린</u> 것은?

① 분쇄 시 발생하는 삽피는 커피맛에 긍정적인 영향을 끼친다.
② 분쇄할 때 생기는 커피 먼지 같은 미분이 커피의 맛과 향에 부정적인 영향을 끼친다.
③ 커피원두를 분쇄할 때 원두에 가해지는 강한 충격과 동시에 발생되는 마찰열로 인하여 미분이 발생한다.
④ 커피를 분쇄할 때 그라인딩 방식은 마찰열이 많이 발생하게 된다.

[해설] 커피원두를 분쇄하고 나면 커피원두 내부에 숨겨져 있었던 커피껍질(실버스킨)이 나타나게 된다. 이 껍질을 '삽피'라고 한다. 이 삽피는 불쾌한 쓴맛과 떫은 맛으로 커피 맛에 부정적인 영향을 끼친다.

57 커피 분쇄 시 유의해야 할 사항을 나열한 것이다. <u>틀린</u> 것은?

① 전용 그라인더를 갖추는 것이 좋다.
② 미분과 삽피의 제거를 게을리하지 말아야 한다.
③ 처음에는 약간의 원두만을 분쇄한 후 그 분쇄커피를 버린 다음에 본격적으로 커피 분쇄를 한다.
④ 미리 분쇄한 커피를 밀폐용기 등에 담아 놓고 추출할 때마다 꺼내 쓰면 신선하고도 원두의 맛을 제대로 살린 커피를 즐길 수 있다.

[해설] 가능하다면 커피를 추출하기 직전에 원두를 분쇄해야 신선하고도 원두의 맛을 제대로 살린 커피를 즐길 수 있다.

58 생두를 볶아서 분쇄한 커피(ground coffee)로부터, 물을 이용하여 맛과 향을 내는 가용성 성분을 최대한 용해시켜서 뽑아내는 과정을 무엇이라 하는가?

① 배전(roasting)   ② 분쇄(grinding)
③ 배합(blending)   ④ 추출(brewing)

59 다음은 추출에 관한 설명이다. <u>틀린</u> 것은?

① 커피 향미 성분들이 각각 다른 속도로 추출되기 때문에 추출방법에 따라서도 달라질 수도 있다.

정답 55. ② 56. ① 57. ④ 58. ④ 59. ②

② 일반적으로 추출시간이 길면 가는 입도가, 짧으면 굵은 입도가 적합하다.

③ 일반적으로 좋은 성분이나 향기, 상큼한 맛, 달콤한 맛은 먼저 추출된다.

④ 추출 커피의 품질은 향미 성분의 농도와 추출 수율의 균형에 의하여 결정된다.

해설 일반적으로 추출시간이 길면 굵은 입도가, 짧으면 가는 입도가 적합하다.

60 다음은 추출의 방법을 설명한 것이다. 바른 것은?

> 분쇄커피를 뜨거운 물에 넣고 일정한 시간 끓이는 방법으로 가용성 성분이 많이 추출된다.

① 삼출(percolation)
② 진공 여과(vacuum filtration)
③ 달이기(decoction, boiling)
④ 가압 추출(pressurized infusion)

61 다음은 추출의 방법을 설명한 것이다. 바른 것은?

> 침출식 커피 추출의 한 변형으로, 하부 챔버에서 만들어진 수증기압은 뜨거운 물을 커피가 담겨 있는 상부의 챔버로 밀어 옮기고 일정하게 저으면서 가용 성분을 침출한다.(사이폰 추출기)

① 삼출(percolation)
② 진공 여과 (vacuum filtration)
③ 드립 여과(drip filtration)

④ 가압 추출(pressurized infusion)

62 다음은 추출의 방법을 설명한 것이다. 바른 것은?

> 뜨거운 물과 커피 추출액이 반복하여 커피 층을 통과하면서 가용 성분을 추출한다.

① 삼출(percolation)
② 진공 여과 (vacuum filtration)
③ 드립 여과(drip filtration)
④ 가압 추출(pressurized infusion)

63 다음은 추출의 방법을 설명한 것이다. 바른 것은?

> 2~10기압의 뜨거운 물이 커피 층을 빠르게 통과하면서 가용성 향미성분과 불용성인 커피기름과 미세한 섬유질 그리고 가스를 함께 유화시켜 짙은 농도의 커피를 만든다.

① 삼출(percolation)
② 진공 여과 (vacuum filtration)
③ 달이기(decoction, boiling)
④ 가압 추출(pressurized infusion)

64 다음은 추출의 방법을 설명한 것이다. 바른 것은?

> 뜨거운 물이 커피층을 한번 통과하면서 가용 성분을 추출한다.

정답 60. ③ 61. ② 62. ① 63. ④ 64. ③

① 삼출(percolation)

② 진공 여과 (vacuum filtration)

③ 드립 여과(drip filtration)

④ 가압 추출(pressurized infusion)

65 커피맛을 내기 위한 좋은 물에 대한 설명이다. 바르지 <u>않는</u> 것은?

① 수질(水質)은 커피의 품질만큼이나 중요하다.

② 약간의 경도가 있는 물은 여과 속도를 높여 커피맛에 좋지않은 영향을 준다.

③ 철분과 염소 성분은 소량이라도 커피맛에 나쁜 영향을 준다.

④ 나트륨 이온으로 용해된 무기질을 치환하는 '연수 처리'는 알칼리도를 높여서 커피맛에 좋지 않은 영향을 준다.

66 다음은 여과매체에 관한 설명이다. 맞는 것은?

재질과 조밀도에 따라 여과가 달라지는 여과매체로 반복하여 사용하면 기름이 배어 커피맛을 변질시킨다.

① 다공성 금속 여과판(perforated metal plate)

② 금속 여과망(metal strainer)

③ 여과포(filter cloth)

④ 여과지(filter paper)

67 다음은 여과매체에 관한 설명이다. 맞는 것은?

금속판의 작은 구멍들을 통하여 커피 추출액을 여과하는 매체로 추출액을 맑게 여과하지는 못하여 미세한 입자들이 추출액에 혼합되는 단점이 있다.

① 다공성 금속 여과판(perforated metal plate)

② 금속 여과망(metal strainer)

③ 여과포(filter cloth)

④ 여과지(filter paper)

68 다음은 여과매체에 관한 설명이다. 맞는 것은?

가장 맑은 추출액을 여과하나 재질이 약하고, 여과가 늦어 과도한 추출을 하기도 한다.

① 다공성 금속 여과판(perforated metal plate)

② 금속 여과망(metal strainer)

③ 여과포(filter cloth)

④ 여과지(filter paper)

69 커피의 품종 중 아라비카종에 대한 설명으로 맞지 <u>않는</u> 것은?

① 주로 인스턴트 커피를 제조하는데 사용한다.

정답 65. ② 66. ③ 67. ① 68. ④ 69. ①

② 병충해에 약할 뿐만 아니라 기온이 섭씨 30도 이상으로 올라가면 해를 입는다.

③ 단맛, 신맛, 감칠맛 그리고 향기가 뛰어나 가격이 비싸다.

④ 커피 생두의 모양이 평평하고 길이가 길며 가운데 새겨진 고랑이 굽어 있다.

해설 ①은 로부스타종에 관한 설명이다.

70 커피의 품종 중 로부스타종에 대한 설명으로 맞지 <u>않는</u> 것은?

① 쓴맛은 강하고 향기가 떨어지지만 가격이 저렴하다.

② 주로 해발 800m 이상에서만 생산된다.

③ 다른 커피와 배합하거나 인스턴트 커피를 제조하는데 주로 사용한다.

④ 강인한 종자로 어려운 환경에서도 잘 자란다.

해설 ② 아라비카종에 관한 설명이다.

71 커피의 품종 중 로부스타종에 대한 설명으로 맞지 <u>않는</u> 것은?

① '콩고'가 원산지이다.

② 카페인 함량이 많으며(2~2.5%) 쓴맛이 강하다.

③ 로부스타종은 모든 것에 잘 견디며 결빙도 예외는 아니다.

④ 서아프리카와 같은 열대삼림지대의 습하고 더운 기후에서 자란다.

해설 로부스타종은 결빙에 약하다.

72 커피의 품종 중 로부스타종에 대한 설명으로 맞지 <u>않는</u> 것은?

① 열대삼림지대에서 야생상태로 자라던 로부스타가 재배되기 시작한 것은 18세기부터이다.

② 20세기초 네덜란드에서 로부스타를 이식하여 재배하기 시작한 나라는 인도네시아이다.

③ 브라질에서 생산하는 로부스타 주용 품종은 코닐론(Conilon)이다.

④ 브라질에서 생산되는 로부스타는 브라질 전체의 30% 이상을 차지한다.

해설 브라질 전체 생산량의 15% 정도만 생산.

73 커피의 품종 중 아라비카종에 대한 설명으로 맞지 <u>않는</u> 것은?

① 커피의 2대 원두 중 하나인 '코페아 아라비카'의 열매를 일컫는다.

② 다 자란 크기가 5~6m이고 평균기온 20℃, 해발 1,800m의 고지대에서 재배된다.

③ 원두가 둥글고 홈이 곧고 회청색을 띤다.

정답 70. ② 71. ③ 72. ④ 73. ③

④ 30도 이상의 온도에서 2일 이상을 견디지 못하는 등 기후, 토양, 질병에 상당히 민감하다.

해설 ③은 로부스타종의 설명이다.

74 아라비카종의 성장 조건이다. 바르게 묶여진 것은?

> ㉠ 평균 20~25℃의 기온
> ㉡ 지나치게 습하지 않는 규칙적인 비
> ㉢ 지나치게 강렬하지 않은 충분한 햇빛
> ㉣ 가급적이면 화산지대이거나 비옥한 토양

① ㉠, ㉢
② ㉠, ㉡
③ ㉡, ㉢
④ ㉠, ㉡, ㉢, ㉣

75 커피의 품종 중 리베리카종에 대한 설명으로 맞지 않는 것은?

① 에티오피아가 원산지이다.
② 열매의 크기가 크고 병충해에 강하여 재배하기 쉽다.
③ 저지대에서도 잘 자란다.
④ 수출보다는 대개 자국 소비에 그치며 쓴맛이 지나치게 강하다.

해설 ①은 아라비카종에 관한 설명이다.

76 커피의 품종 중 아라비카종에 대한 설명으로 맞는 것은?

① 병충해에 강하다.
② 성장속도는 느리나 향미가 풍부하다.

③ 열대지방에서 다 자란 나무 높이는 13~15m이다.
④ 열매의 모양이 둥글다.

해설 ①, ③, ④는 로부스타종에 대한 설명이다.

77 커피의 품종 중 로부스타종에 대한 설명으로 맞는 것은?

① 적정 성장 온도는 15~24℃이다.
② 카페인 함유량이 적다(0.8~1.4%).
③ 해발 1,000~2,000m 정도에서 자란다.
④ 주로 인스턴트 커피 및 배합용으로 사용된다.

해설 ①, ②, ③은 아라비카종에 대한 설명이다.

78 커피 생산지로서의 브라질에 관한 설명이다. 바르지 못한 것은?

① 브라질의 본격적인 커피생산은 포르투갈로부터 독립한 1822년부터다.
② 다른 나라들에 비해 비교적 낮은 고도의 대규모 농장에서 경작된다.
③ 1900년 이후 양(量)에 치우친 생산 증대 정책에도 여전히 최상품의 커피가 생산되고 있다.
④ 생두의 밀도는 비교적 낮은 편이다.

해설 오늘날 브라질 커피는 중·저급의 아라비카 커피로 평가되고 있다.

정답 74. ④ 75. ① 76. ② 77. ④ 78. ③

79 커피 생산지로서의 브라질에 관한 설명이다. 바르지 <u>못한</u> 것은?

① 아라비카를 생산할 뿐 로부스타는 생산하지 않는다.
② 커피의 대부분은 상파울루의 산토스(Santos) 항구로 집결되어 수출된다.
③ 상파울루(San Paulo)는 브라질의 주요 커피 산지 중 하나다.
④ 브라질의 유명 커피로는 'Brazil Santos NO.2'가 있다.

해설 브라질에서는 코닐론(Conilon)이라는 로부스타 커피 또한 생산되고 있다.

80 커피 생산국인 콜롬비아에 대한 설명이다. 바르지 <u>못한</u> 것은?

① 세계 2위의 커피 생산국이다.
② 콜롬비아 커피는 마일드 커피(Mild Coffee)의 대명사이다.
③ 콜롬비아의 커피정책은 최대 커피생산을 늘리는 양적증가에 목적이 있다.
④ 한 나라에서 생산되는 커피의 품질로만 본다면 세계 1위의 고급 커피이다.

81 콜롬비아 커피에 대한 설명이다. 바르지 <u>못한</u> 것은?

① 아라비카 커피만을 생산하며 모두 수세건조 방법으로 가공된다.
② 대형 커피농장이 별로 없다.

③ 대부분 '카페테로(Cafetero)'라고 불리는 농부들에 의해 생산되고 있다.
④ 건식법을 이용하여 커피를 정제한다.

해설 습식법을 이용한다.

82 콜롬비아 커피에 대한 설명이다. 바르지 <u>못한</u> 것은?

① 커피의 주 생산지는 안데스 산맥지대에 분포한다.
② 주요 커피로 '콜롬비안 엑셀소(Colombian Excelso)'가 있다.
③ 콜롬비아 최고급 커피들의 대부분은 '타라주(Tarrazu)' 품종이다.
④ 습식법을 이용한다.

해설 콜롬비아 최고급 커피들의 대부분은 타이피카(Typica)와 카투라(Caturra) 품종이다.

83 아래는 커피 생산국에 관한 설명이다. 어느 나라일까?

> ㉠ 세계적인 커피로는 단연 '타라주(Tarrazu)'다.
> ㉡ 쿠바로부터 이식되면서 커피가 경작되기 시작하였다.
> ㉢ 타라주 중에서도 '라 미니타(La Minita)'농장의 커피가 최상급으로 알려져 있다.
> ㉣ 완벽한 맛과 향의 조화, 너무나 완벽하게 깨끗한 생두의 생산으로 찬사받는다.

① 브라질　　　　② 코스타리카
③ 자메이카　　　④ 과테말라

정답 79. ① 80. ③ 81. ④ 82. ③ 83. ②

84 다음 설명은 커피 생산지 중 어느 곳을 말하는가?

> ㉠ 화산재 토양에서 고급 커피를 생산하는 나라로 유명하다.
> ㉡ 스모크 커피의 대명사인 '안티구아(Antiqua)' 커피를 생산한다.
> ㉢ 전형적인 커피 품종인 타이피카(Typica)와 버본(Bourbon)이 주로 경작되고 있다.
> ㉣ 그늘 경작법을 많이 사용하고 있다.

① 자메이카　　　　② 멕시코
③ 코스타리카　　　④ 과테말라

85 과테말라의 대표적 커피로 쏘는 듯한 스모크 향과 깊고 풍부한 맛, 살며시 느껴지는 초콜릿 맛이 일품인 것은?

① 타라주　　　　　② 안티구아
③ 엑셀소　　　　　④ 산토스

86 커피 생산지인 자메이카에 대한 설명이다. 틀린 것은?

① 커피의 황제라고 불리는 블루 마운틴 커피를 생산한다.
② 온화한 기후, 연중 고른 강수량 등 이상적인 커피 재배환경을 갖추고 있다.
③ 마일드 커피(Mild Coffee)의 대명사로 평가된다.
④ 식민정부가 커피산업 지원정책을 실시하면서 커피 생산량이 증가하였다.

해설 ③ 콜롬비아 커피에 관한 설명이다.

87 다음 설명은 어떤 커피에 관한 설명이다. 맞는 것은?

> ㉠ 커피의 황제, 세계 최고의 커피
> ㉡ 부드럽고도 조화로운 커피 맛
> ㉢ 타 지역 커피에 비해 밀도가 높은 커피

① 블루 마운틴　　　② 안티구아
③ 산토스　　　　　④ 타라주

88 어느 커피 생산지에 관한 설명이다. 맞는 것은?

> ㉠ 커피의 80%는 일본으로 수출되고, 나머지 20%를 가지고 세계가 나누어 먹고 있다.
> ㉡ 커피의 황제라고 불리는 블루 마운틴 커피를 생산한다.
> ㉢ 일본의 투자로 기계적인 생두의 고속 습식 가공법으로 생두를 가공한다.

① 브라질　　　　　② 과테말라
③ 자메이카　　　　④ 푸에르토리코

89 자메이카 커피로 바르게 짝지어진 것은?

> ㉠ 블루 마운틴 (Blue Mountain)
> ㉡ 하이 마운틴 (High Mountain)
> ㉢ 프라임 워시드 (Prime Washed)
> ㉣ 프라임 베리 (Prime Berry)

① ㉠, ㉡　　　　　② ㉠, ㉡, ㉢
③ ㉡, ㉢　　　　　④ ㉠, ㉡, ㉢, ㉣

정답 84. ④　85. ②　86. ③　87. ①　88. ③　89. ④

90 다음은 무엇에 관한 설명인가?

> ㉠ 17스크린 이상의 No.1
> ㉡ 16스크린 수준의 No.2
> ㉢ 15스크린 수준의 No.3
> ㉣ JBM(Jablum)

① 블루 마운틴   ② 안티구아

③ 산토스   ④ 타라주

해설 자메이카의 블루 마운틴을 로스팅(Roasting)하여 포장까지 마친 완제품 커피를 자블럼(JBM, Joblum)이라고 한다.

91 멕시코에 관한 설명이다. 바르지 <u>않는</u> 것은?

① 원래 전통적인 멕시코 커피는 고급 백포도주의 풍미와 흡사하다고 했다.
② 중저급의 커피인 '프라임 워시드(Prime Washed)'를 생산한다.
③ 중앙아메리카 저급 커피의 대명사였다.
④ 가격이 품질에 비해 저렴하여 커피 구매자들에게 매력있는 커피를 생산한다.

해설 ②는 자메이카의 블루 마운틴에 관한 설명이다.

92 푸에르토리코에 관한 설명이다. 바르지 않는 것은?

① 화산재 토양에서 고급 커피를 생산하는 나라로 유명하다.
② 부드러우면서도 거친 듯, 과실의 달콤함으로 카리브해 최고의 커피로

평가된다.
③ 대표 커피는 '야우코 셀렉토(Yauco Selecto)'이다.
④ 커피정책의 가장 큰 문제는 높은 생산원가(높은 임금)이다.

해설 ①은 과테말라에 관한 설명이다.

93 쿠바에 관한 설명이다. 바르지 <u>않는</u> 것은?

① 커피존의 끝자락에 위치해 있다.
② 세계 최고급 커피인 '터퀴노(Turquino)'를 생산한다.
③ 미국의 52번째 자치주다.
④ 2,000개가 넘는 커피 농장을 보유한 카리브해의 커피 강국이었다.

해설 ③은 푸에르토리코에 관한 설명이다.

94 도미니카 공화국에 관한 설명이다. 바르지 <u>않는</u> 것은?

① 카리브해의 커피 중 가장 부드럽고 깔끔한 것으로 알려져 있다.
② 주로 미국에서 많이 소비된다.
③ '산토도밍고 바니(Santo Domingo Bani)'라는 상표로 유명하다.
④ 세계 4위의 커피 생산국이다.

해설 ④는 멕시코에 관한 설명이다.

정답 90. ① 91. ② 92. ① 93. ③ 94. ④

95 엘살바도르에 관한 설명이다. 바르지 <u>않는</u> 것은?

① 천혜의 자연조건을 갖추고 있으면서도 복잡한 정치상황 등으로 어려움을 겪고 있다.

② 식민정부가 커피산업 지원정책을 실시하면서 커피 생산량이 증가하였다.

③ 아라비카 커피만을 생산한다.

④ 유명 커피로 '파카마라'가 있다.

해설 ②는 자메이카에 관한 설명이다.

96 엘살바도르에 관한 설명이다. 바르지 <u>않는</u> 것은?

① 전 국토의 약 12%가 커피농장으로 조성되어 있다.

② 최고급 커피인 '터퀴노(Turquino)'를 생산한다.

③ SHG(Strictly High Grown)가 전체 생산량의 약 35%를 차지한다.

④ 생두는 모두 습식가공으로 처리되고 대부분의 커피는 그늘경작법으로 생산되고 있다.

해설 ②는 쿠바에 관한 설명이다.

97 니카라과에 관한 설명이다. 바르지 <u>않는</u> 것은?

① 양은 많지 않으나 고급으로 평가되는 커피를 생산한다.

② 중앙아메리카의 많은 고원지대 커피와는 달리 날카로운 신맛이 거의 없다.

③ 아라비카 커피만을 생산하고 있다.

④ 주요 커피로 '보케테(Boquete)'가 있다.

해설 ④는 파나마에 관한 설명이다.

98 파나마에 관한 설명이다. 바르지 <u>않는</u> 것은?

① 카리브해의 커피 중 가장 부드럽고 깔끔한 것으로 알려져 있다.

② 무게는 가벼우나 달콤하고 알맞은 신맛, 균형잡힌 깊고 풍부한 맛과 향을 가진 고급 커피로 평가되고 있으나 생산량이 그리 많지 않다.

③ 고급 커피로 '보케테(Boquete)'커피가 있다.

④ 아라비카 커피만을 생산하며 생두의 가공은 거의 습식법으로 이루어지고 있다.

해설 ① 도미니카 공화국에 관한 설명이다.

99 페루에 관한 설명이다. 바르지 <u>않는</u> 것은?

① 남아메리카 유기농 커피의 리더로 빠르게 부상하고 있다.

② 일반적으로 '페루비안(Peruvian)'이라고 불리고 있다.

정답 95. ② 96. ② 97. ④ 98. ① 99. ③

③ 일부에서는 자메이카 블루 마운틴
보다 못할 것이 없다는 평가를 듣기
도 한다.

④ 생산과 가공의 여건이 여의치 못해
불순물과 결점이 있는 생두가 많이
섞인 커피를 생산하고 있다.

해설 ③은 파나마에 관한 설명이다.

100 다음은 커피 생산국과 그 대표 커피를 연
결한 것이다. 틀린 것은?

① 브라질 – Santos NO.2
② 콜롬비아 – 콜롬비안 수프리모(Colo
mbian Supremo)
③ 코스타리카 – 타라주(Tarrazu)
④ 과테말라 – 야우코 셀렉토(Yauco
Selecto)

해설 ④는 푸에르토리코의 대표 커피이다.

101 다음은 커피 생산지와 그 대표 커피를 연
결한 것이다. 틀린 것은?

① 자메이카 – 블루 마운틴(Blue Mount
ain)
② 쿠바 – 산토도밍고 바니(Santo Domi
ngo Bani)
③ 멕시코 – 알투라 코아테펙(Altura Co
atepec)
④ 푸에르토리코 – 야우코 셀렉토
(Yauco Selecto)

해설 ②의 '산토도밍고 바니(Santo Domin
go Bani)'는 도미니카 공화국 커피가 미국에
서 많이 소비되면서 붙여진 상표명.

102 다음은 커피 생산지와 그 대표 커피를 연
결한 것이다. 틀린 것은?

① 쿠바 – 터퀴노(Turquino)
② 엘살바도르 – 파카마라
③ 온두라스 – 타라주(Tarrazu)
④ 파나마 – 보케테(Boquete)

해설 ③의 '타라주(Tarrazu)'는 코스타리카의 대표
커피이다.

103 다음 커피 생산지와 그 대표 커피가 바르
게 연결된 것은?

> ㉠ 브라질 ⓐ 산토스(Santos)
> ㉡ 코스타리카 ⓑ 타라주(Tarrazu)
> ㉢ 쿠바 ⓒ 야우코 셀렉토(Yauco Selecto)
> ㉣ 푸에르토리코 ⓓ 터퀴노(Turquino)

① ㉠ 과 ⓐ   ② ㉡ 과 ⓒ
③ ㉢ 과 ⓑ   ④ ㉣ 과 ⓓ

104 하와이에 관한 설명이다. 바르지 않는 것은?

① 세계적인 최고급 커피 중 하나인 '코
나(Kona)'커피의 생산지다.

② 낮은 고도에서 경작됨에도 불구하고
고지대에서와 같은 고급품질의 커피
가 생산되고 있다.

정답 100. ④ 101. ② 102. ③ 103. ① 104. ④

③ 와인과 과실에 비유되는 단맛과 신맛, 산뜻하고도 조화로운 맛과 향을 가진 부드러운 커피로 평가받고 있다.

④ 중저급의 커피인 '프라임 워시드(Prime Washed)'를 생산한다.

해설 ④는 자메이카에 관한 설명이다.

105 인도에 관한 설명이다. 바르지 <u>않는</u> 것은?

① 전체 커피 생산량의 약 60% 정도를 로부스타가 차지하고 있다.

② 화산재 토양에서 고급 커피를 생산하는 나라로 유명하다.

③ 유명한 커피로 몬수니드 말라바르(Monsooned Malabar)가 있다.

④ 습식법으로 가공된 로부스타 커피는 '파치먼트 로부스타'라고 부른다.

해설 ②는 과테말라에 관한 설명이다.

106 인도네시아에 관한 설명이다. 바르지 <u>않는</u> 것은?

① 아시아 유기농 커피의 리더이다.

② 아시아 최고의 커피 생산국이다.

③ 녹병균에 의해 전체 커피농장들이 초토화되기 전까지는 세계의 커피 산업을 이끌었다.

④ 90% 이상 로부스타를 생산한다.

107 인도네시아의 커피를 생산하는 섬으로 맞지 <u>않는</u> 것은?

① 자바(Java)

② 수마트라(Sumatra)

③ 술라웨시(Sulawesi)

④ 하라(Harrar)

해설 ④는 에티오피아의 생산지.

108 에티오피아에 관한 설명이다. 바르지 <u>않는</u> 것은?

① 커피가 처음 발견된 곳이다.

② 빌헬름(Mt. Wilhelm) 산을 중심으로 한 고원지대에서 PNG 커피가 생산되고 있다.

③ 커피를 '분(Bun)'이라고 부르고 있으며, 거의 대부분의 커피가 전통적인 유기농법과 그늘 경작법으로 재배되고 있다.

④ 커피 생산의 90% 정도가 '가든 커피(Garden Coffee)'라고 불려지는 소규모 커피 농가에서 생산되고 있다.

해설 ②는 파푸아뉴기니에 관한 설명이다.

109 에티오피아에 관한 설명이다. 바르지 <u>않는</u> 것은?

① 고유한 본래의 아라비카 품종만이 생산되고 있다.

② 아라비카 품종은 원래 에티오피아 하라(Harrar)지방의 고유한 커피 품종이다.

③ 유명한 커피는 몬수니드 말라바르 (Monsooned Malabar)가 있다.

④ 아프리카에서 유일하게 서구 열강의 식민지가 되지 않아, 커피의 경작에서도 그 전통이 그대로 살아 있다.

해설 ③은 인도에 관한 설명이다.

110 에티오피아에서 생산되는 커피가 <u>아닌</u> 것은?

① 하라(Harrar)

② 이르가체페(Yirgacheffe)

③ 시다모(Sidamo)

④ 코나(Kona)

111 에티오피아에서 생산되는 커피 중 '에티오피아의 축복'이라고 불리는 것은?

① 하라(Harrar)

② 이르가체페(Yirgacheffe)

③ 시다모(Sidamo)

④ 코나(Kona)

112 에티오피아에서 생산되는 커피 중 가장 세련되고 매끄러운 최고급 커피는?

① 하라(Harrar)

② 이르가체페(Yirgacheffe)

③ 시다모(Sidamo)

④ 짐마(Djimmah)

113 예멘에 관한 설명이다. 바르지 <u>않는</u> 것은?

① 세계 최초로 커피가 경작되었으며 한때 세계 최대의 커피 무역항이었던 모카(Mocha)가 있는 나라다.

② 아라비카(Arabica)라는 말도 아라비아, 즉 예멘의 커피에서 유래되었다.

③ '가든 커피(Garden Coffee)'라고 불리는 소규모 커피 농가에서 커피가 생산되고 있다.

④ 하위 그룹의 커피 생산국이다.

해설 ③은 에티오피아에 관한 설명이다.

114 예멘에 관한 설명이다. 바르지 <u>않는</u> 것은?

① 전 세계에서 가장 뚜렷한 개성을 가진 커피를 생산한다.

② '마타리(Mattari)'가 예멘 최고의 커피다.

③ 세계 최대의 커피 무역항이었던 모카(Mocha)가 있다.

④ '아이－커퍼(Eye－Cupper)'들이 즐겨 찾는 커피다.

해설 ④ 예멘커피는 '아이－커퍼(Eye－Cupper)'들이 기피하는 커피다.

정답 110. ④ 111. ① 112. ② 113. ③ 114. ④

115 다음 중 예멘을 대표하는 커피가 <u>아닌</u> 것은?

① 리무(Limmu)

② 마타리(Mattari)

③ 이스마일리(Ismaili)

④ 히라지(Hirazi)

해설 ①은 에티오피아의 커피.

116 다음 중 모카의 의미로 볼수 <u>없는</u> 것은?

① 커피라는 의미

② 아라비아 전 지역에서 생산 유통되는 커피라는 의미

③ 예멘에서 생산되는 커피의 이름

④ 연유가 들어간 음료나 음식

117 케냐에 관한 설명이다. 바르지 <u>않는</u> 것은?

① 가장 신뢰할 수 있는 최고급의 커피를 생산하는 아프리카 최고의 커피 생산국

② 그늘 경작법을 주로 사용하고 있다.

③ 품질개발, 기술교육 그리고 경매 시스템을 통해 커피 산업을 육성하고 있다.

④ 최근 병충해에도 강하면서 수확량이 많은 '루이루11' 품종의 커피 생산을 확대하고 있다.

118 탄자니아에 관한 설명이다. 바르지 않는 것은?

① '커피의 신사'라고 불리는 킬리만자로(Kilimanjaro) 커피를 생산한다.

② 바나나 나무와 함께 경작되어 자연스러운 그늘경작이 이루어지고 있다.

③ 커피를 생산하는 농부들이 숙련된 기술을 지니고 있어 생산량이 증가하고 있다.

④ 커피산업이 후진성을 면하지 못하고 있다.

119 다음은 아프리카 커피의 문제점을 나열한 것이다. 틀린 것은?

① 정치적 불안정과 낙후된 경제상황, 열악한 인프라 구조

② 가장 큰 문제는 운송 문제

③ 세련되지 못한 경작과 생두 가공기술, 부족한 가공시설

④ 자연적인 커피 경작조건의 부적합성

해설 아프리카의 커피 경작조건 자체는 훌륭하다.

120 일반적으로 사람들이 커피가 몸에 좋지 않다고 여기는 이유는 커피의 어떤 성분 때문인가?

① 카테킨   ② 카페인

③ 폴리페놀   ④ 바르비투르산염

정답 115. ① 116. ④ 117. ② 118. ③ 119. ④ 120. ②

해설 커피가 건강에 좋지 않다고 하는 가장 큰 이유 중 하나로 많은 사람들이 커피의 성분인 카페인을 지적하고 있다.

121 다음은 카페인에 관한 설명이다. 틀린 것은?

① 정상적인 성인에게는 해를 끼치지 않는 무독성이다.
② 카페인은 녹차에도 얼마간 함유되어 있다.
③ 섭취 후 몇 시간 이내에 모두 배설된다.
④ 카페인은 혈중 또는 체내에 일정량이 축적된다.

해설 카페인은 혈중 또는 체내에 축적되지 않는다.

122 다음은 카페인에 관한 설명이다. 틀린 것은?

① 뜨거운 물에 대단히 잘 녹는다.
② 불에 탄 냄새가 나고 쓴맛이 난다.
③ 중추신경계 · 심장 · 혈관 · 신장을 자극하는 효과가 있다.
④ 특정 약물에 대한 해독제로 사용되기도 한다.

해설 냄새가 없다.

123 볶은 커피원두의 경우 카페인 함유량으로 올바른 것은?

① 보통 2~3%
② 보통 3~4%
③ 보통 1~2%
④ 보통 2~5%

124 다음 중 카페인의 긍정적인 효과로만 묶여진 것은?

> ㉠ 운동 수행능력 증가 ㉡ 피로감 감소
> ㉢ 감각기능 증가 ㉣ 민첩성의 증가

① ㉠
② ㉡, ㉢
③ ㉠, ㉢, ㉣
④ ㉠, ㉡, ㉢, ㉣

125 인스턴트 커피 한잔에 함유되어 있는 카페인 함유량으로 올바른 것은?

① 45mg
② 60~100mg
③ 100~150mg
④ 150~185mg

126 영양학적 측면에서 볼 때 우리 몸에 도움을 주는 커피의 두 가지 성분은?

> ㉠ 나이아신 ㉡ 요산
> ㉢ 단백질 ㉣ 칼륨

① ㉢, ㉡
② ㉠, ㉣
③ ㉡, ㉢
④ ㉠, ㉢

127 전문가들이 건강상 바람직하다고 말하는 1일 카페인 섭취량은?

① 100mg 이하
② 200mg 이하
③ 300mg 이하
④ 400mg 이하

정답 121. ④ 122. ② 123. ③ 124. ④ 125. ②
126. ② 127. ④

128 1일 권장량 이상의 카페인을 섭취할 경우 대표적으로 유발되는 현상으로 바르게 묶인 것은?

| ㉠ 탈수 현상 | ㉡ 정서 불안 |
| ㉢ 저혈당 | ㉣ 불면 |

① ㉠
② ㉠, ㉡
③ ㉠, ㉡, ㉣
④ ㉠, ㉡, ㉢, ㉣

129 커피 속에 함유된 성분 중 당뇨와 고혈압의 위험을 줄이는 효과가 있는 성분은?

① 항산화 물질인 폴리페놀
② 폴리에스텔
③ 단백질
④ 칼슘

130 우리나라가 커피의 수입을 개방한 시기로 맞는 것은?

① 1975년
② 1988년
③ 1990년
④ 1995년

131 커피 속의 성분으로 일정량 이상을 섭취하면 위액의 분비를 자극하고 장내에서 분해되며 방향족 화합물로써 배설되는 물질은?

① 알칼로이드
② 메틸크산틴
③ 요산
④ 클로로겐산

132 다음은 카페인 제거법이다. **틀린** 한 가지는?

① Traditional Process
② Swiss — Water Process
③ H2O — European Process
④ CO2 — Water Process

133 카페인을 제거하는 방법 중 아세트산에틸을 용매로 사용하는 방법으로 맞는 것은?

① Traditional Process
② Swiss — Water Process
③ H2O — European Process
④ CO2 — Water Process

해설 Traditional Process : 아세트산에틸이라는 용매로 카페인만을 선택적으로 제거한다.

134 카페인을 제거하는 방법 중 가장 일반적으로 사용되고 비용이 저렴한 방법으로 맞는 것은?

① H2O — European Process
② CO2 — Water Process
③ Traditional Process
④ Swiss — Water Process

135 커피의 영양성분 중 가장 많은 비율을 차지하고 있는 것으로 맞는 것은?

① 당질
② 단백질
③ 지질
④ 회분

정답 128. ③ 129. ① 130. ② 131. ④ 132. ③
133. ① 134. ③ 135. ①

해설 커피 100g 중 당질 약 61.9g, 단백질 20.0g, 지질 0.3g, 회분 8.2g의 성분이 들어 있다.

136 커피의 영양성분 중 당질에 관한 설명이다. 틀린 것은?

① 음용되고 있는 커피 영양성분의 60% 이상을 차지한다.
② 당질의 대부분은 수용성 갈색물질인 멜라노이딘이다.
③ 배전과정에서 커피의 색, 향이나 맛의 기호성 성분을 결정하는 성분 간의 반응이 일어난다.
④ 클로로제닉산류의 페놀화합물과 반응하여 적색물질이 된다.

해설 클로로제닉산류의 페놀화합물과 반응하여 갈색물질이 된다.

137 커피가 생체대사에 미치는 영향에 관한 설명이다. 틀린 것은?

① 체내에 흡수된 카페인은 5분 이내에 몸 전체로 확산하게 된다.
② 혈관을 수축, 팽창시키는 역할을 한다.
③ 흡수된 카페인은 기초대사 속도를 감소시킨다.
④ 암모니아염으로부터 형성되는 요소의 양을 감소시킨다.

해설 우리 몸에 흡수된 카페인은 기초대사 속도를 증가시킨다. 섭취 후 1~3시간 사이에 최대 기초대사 속도를 나타내는 것으로 보고된 바 있다.

138 커피가 중추신경에 미치는 영향에 관한 설명이다. 틀린 것은?

① 대뇌의 피질을 흥분시키고 요추를 자극시킨다.
② 졸음과 피로를 경감시키는 작용을 한다.
③ 사고를 집중할 수 있도록 하는 작용을 한다.
④ 알코올중독 그리고 마약중독으로 인한 고통을 증가시킨다는 점은 문제점이다.

해설 신경과민, 알코올중독 그리고 마약중독으로 인한 고통의 경감에 매우 효과적이다.

139 커피가 심장에 미치는 영향에 관한 설명이다. 틀린 것은?

① 혈관의 수축에 의한 혈류의 감소가 일어난다.
② 혈압과 맥박수는 변화가 있거나 사람에 따라 없기도 한다.
③ 하루 1g 정도의 카페인을 섭취하면 혈압을 낮추어 부종을 치료하는데 도움이 된다.
④ 한두 잔의 커피는 심장의 활동을 활성화시킨다.

해설 심장에 카페인이 미치는 주작용으로 혈관의 팽창에 의한 혈류의 증가다.

정답 136. ④ 137. ③ 138. ④ 139. ①

140 커피가 신장에 미치는 영향에 관한 설명이다. 바르게 묶인 것은?

> ⊙ 이뇨를 촉진시키고 신장을 통한 혈액순환을 증가시킨다.
> ⓛ 많은 오줌을 생성하게 하여 체내 노폐물 정화를 증진시키는 역할을 한다.
> ⓒ 신장에서 수분의 재흡수를 감소시킨다.
> ⓡ 음용을 중단하면 체내 노폐물이 누적되어 메스꺼움, 구토를 일으킬 수도 있다.

① ⊙, ⓒ
② ⊙, ⓒ, ⓡ
③ ⓛ, ⓡ
④ ⊙, ⓛ, ⓒ, ⓡ

141 커피가 우리 신체에 미치는 영향을 나열한 것이다. **틀린** 것은?

① 중추신경계를 자극하여 정신을 맑게 깨운다.
② 칼슘 이온의 농도가 증가하여 심박수와 심박출량이 늘어난다.
③ 고혈압, 심장질환을 일으킬 수도 있다.
④ 소변의 양을 감소시킨다.

해설 이뇨제의 역할을 하여 소변의 양을 늘린다.

142 커피가 우리 신체에 미치는 영향을 나열한 것이다. **틀린** 것은?

① 위를 자극하여 위산의 분비를 촉진하며 지나치면 위궤양이 생기기도 한다.
② 이뇨제의 역할을 하여 소변의 양을 늘린다.
③ 심장의 기능을 약화시킨다.

④ 과다 복용은 불면을 초래할 수 있다.

해설 심장의 기능을 촉진시킨다.

143 카페인과 수면과의 관계를 설명한 것 중 **틀린** 것은?

① 코코아와 초콜릿을 잠자리 직전에 섭취해도 수면 장애가 있을 수 있다.
② 잠자기 전 카페인을 섭취하게 되면 잠드는 데 소요되는 시간이 길어지고 밤에 자주 깬다.
③ 카페인에 대한 민감성과 감내성의 정도는 누구나 비슷하다.
④ 잠자리에 들기 전 4~6시간 전에는 카페인을 삼가는 것이 수면에 도움이 된다.

해설 카페인에 대한 민감성과 감내성의 정도가 사람에 따라 서로 다르다.

144 커피를 마시면 졸음을 방지하는 효과가 있다. 그것은 커피의 어떤 성분 때문인가?

① 카페인
② 카테킨
③ 폴리페놀
④ 바르비투르산염

145 간암 발생률을 감소시키는 커피의 성분은?

① 알칼로이드
② 메틸크산틴
③ 요산
④ 클로로겐산

146 발암물질인 'OH'의 발암성을 억제하는 경향이 있는 커피 속 성분으로 맞는 것은?

① 요산　　　　② 클로로겐산
③ 알칼로이드　④ 메틸크산틴

147 카페인과 음주와의 관계를 설명한 것 중 틀린 것은?

① 카페인은 간기능을 활발하게 해 독성물질인 아세트알데하이드 분해를 빠르게 한다.
② 카페인은 항이뇨 호르몬의 분비를 억제한다.
③ 카페인은 알코올 성분을 체외로 빠르게 배출하는 작용을 한다.
④ 음주 후 카페인은 인체에 흡수되면서 중성이 되어 머리를 상쾌하게 해 준다.

해설 인체에 흡수되면 알칼리성이 된다.

148 커피와 질병과의 관계를 설명한 것이다. 바르지 <u>않는</u> 것은?

① 커피는 중성지방을 증가시켜 동맥경화를 촉진하는 경향이 있다.
② 췌장에서 인슐린을 분비하는 베타세포를 자극함으로써 성인 당뇨병을 감소시킨다.
③ 발암물질의 하나인 'OH'의 발암성을 억제한다.
④ 연구결과 끓인 커피를 마시는 사람은 필터 커피를 마시는 사람에 비해

당뇨병 위험이 3배 높았다.

해설 커피는 오히려 동맥경화를 예방하는 HDL(좋은 콜레스테롤)을 증가시킨다.

149 커피와 담석(擔石)에 대한 연구결과를 설명한 것이다. 틀린 것은?

① 미 하버드 보건센터 실험결과 커피를 마시면 담석진행이 현저하게 감소된다.
② 라이츠만 박사는 하루에 커피를 2~3잔 커피를 마시면 마시지 않는 사람에 비해 담석의 위험이 40% 감소한다고 했다.
③ 라이츠만 박사는 카페인 제거 커피 역시 동일한 효과가 있다고 했다.
④ 커피와 달리 홍차나 다른 음료는 담석 예방효과가 없다.

해설 라이츠만 박사는 커피는 반드시 카페인이 함유된 것이어야 하며 카페인을 제거한 커피는 효과가 없다고 강조했다.

150 카페인 중독의 증상이다. 틀린 것은?

① 침착하지 못하고 안절부절한다.
② 불면증이 있다.
③ 얼굴이 홍조를 띠며 상기된다.
④ 조용한 상태로 침착성을 잃지 않는다.

정답 146. ② 147. ④ 148. ① 149. ③ 150. ④

151 연구결과 커피와 건강과의 관계를 설명한 것이다. 바르지 <u>않는</u> 것은?

① 당뇨병과 커피 섭취의 인과관계는 없다.
② 커피 음용과 통풍의 인과관계는 없다.
③ 커피를 1일 4잔 이상 마시면 간경변의 위험이 있나.
④ 8종의 암 부위 가운데 커피와 상관 있는 것이 위암이다.

해설 1일에 커피를 4잔 이상 마시는 사람은 마시지 않는 사람과의 간경변의 위험률이 5분의 1로 감소되었다.

152 리버만 박사의 카페인과 운동능력과의 관계에 대한 결과로 <u>틀린</u> 것은?

① 카페인이 체력 소모가 심한 작업을 수행하는 시간을 연장시킨다.
② 카페인은 피로하기 쉬운 작업의 능률을 향상시킨다.
③ 카페인은 근육의 피로를 막아 주고, 지방의 연소와 당분의 분해 능력을 증가시킨다.
④ 카페인은 손가락을 조정하는 작업능률 또한 향상시켜 미세한 작업을 가능케 한다.

해설 카페인은 바늘에 실을 꿰거나, 작은 목표물을 맞추거나 다트를 던지는 것 같은 손가락 조정을 하는 작업에 악영향을 미치기도 한다.

153 커피와 건강의 관계를 설명한 것이다. <u>틀린</u> 것은?

① 커피의 카페인은 기관지를 넓혀주고 천식환자들이 숨쉬기 편하게 해준다.
② 카페인이 테오필린처럼 젊은 천식환자들에게 기관지확장제로서 효과가 있다.
③ 카페인은 알레르기성 비염을 발생시킬 수 있다.
④ 카페인은 호흡기 근육의 피로를 경감시켜 숨쉬는 것을 쉽게 해 준다.

해설 PliliShapiro에 따르면 약간의 가려움을 느꼈을 뿐 비염이 호전되었다.

154 오래 전부터 알레르기성 천식에 치료방안으로 쓰였던 커피로 맞는 것은?

① 블랙모카 커피
② 블루 마운틴 커피
③ 비엔나 커피
④ 카페 로열

155 카페인과 임신과의 관계를 설명한 것이다. <u>틀린</u> 것은?

① 임신 중 적당량의 카페인 섭취는 신생아의 저체중 또는 선천성 기형의 발생 가능성을 증가시키지 않는다는 리 연구 결과가 있다.

정답 151. ③ 152. ④ 153. ③ 154. ① 155. ④

② 커피를 하루 4잔 이상 마시면 임신 가능성이 줄어든다는 연구결과가 있다.

③ 커피가 이처럼 임신 가능성을 감소시키는 것은 카페인 성분 때문이다.

④ 전문가들은 임신 중에만 카페인의 섭취를 제한하면 그 이후 아기에게 아무런 이상이 없다고 발표했다.

156 커피와 두통의 관계를 설명한 것이다. **틀린 것은?**

① 두통이 있을 때 커피를 마셔도 큰 부작용이 없다.

② 카페인은 뇌혈관을 넓혀 두통을 없애준다.

③ 두통 해소에 커피는 쉽고 간편하게 이용할 수 있는 방법이다.

④ 두통이란 혈관이 팽창하면서 머리 부분의 신경을 눌러 발생하는 것이다.

해설 커피는 적당량의 카페인으로 큰 부작용없이 뇌혈관을 좁혀 주어 두통을 없애 주고, 머리를 맑게 해 준다.

157 커피와 수면의 관계를 설명한 것이다. **틀린 것은?**

① 카페인은 잠이 들기까지 걸리는 시간, 입면(入眠) 시간을 연장시킨다.

② 연구 결과는 뇌파의 변화와 카페인과는 직접적인 영향이 없었다.

③ EEG수치 변화는 깊은 수면을 취하

지 못한다는 것을 의미한다.

④ 카페인은 숙면을 방해하여 총 수면 시간을 감소시킨다.

해설 수많은 연구 결과 카페인에 의해 뇌파가 변화한다고 밝혀졌다.

158 커피가 담석증의 발병 가능성을 감소시키는 이유로 **틀린 것은?**

① 카페인이 담석이 발생하지 않도록 혈관을 수축시키기 때문이다.

② 카페인이 콜레스테롤이 담석으로 굳어지지 않도록 하기 때문이다.

③ 우리 몸의 신진대사를 증가시켜 지방축적을 낮추기 때문이다.

④ 담석 형성을 진행시키는 분비물의 흡수를 낮추는 역할을 수행하기 때문이다.

159 커피에 곁들이는 재료 중 다이어트에 가장 도움이 되지 <u>않는</u> 것은?

① 각설탕   ② 프림

③ 시럽   ④ 계피

160 커피가 다이어트를 돕는 이유를 설명한 것이다. 바르지 <u>않는</u> 것은?

① 지방을 분해하고 이뇨작용을 활발하게 하기 때문이다.

정답 156. ② 157. ② 158. ② 159. ① 160. ②

② 혈액순환을 원활하게 하고 쓸모없는 노폐물을 몸밖으로 배출해주기 때문이다.

③ 커피가 혈관을 확장시켜 신진대사를 더디게 하기 때문이다.

④ 인체의 에너지 소비량을 10% 증가시키기 때문이다. 키피는 혈관을 수축시키는 작용을 하기 때문에 신진대사를 증가시켜 다이어트의 효과가 있다.

161 유기농 커피로 관장을 함으로써 체중을 감량시키는 요법을 무엇이라 하는가?

① 추나요법　　② 킬레이션 요법
③ 거슨요법　　④ 흡입요법

해설 유기농 야채즙과 곡식으로 구성된 무염식이와 제독을 위한 커피관장을 큰 특징으로 하는 요법이 거슨요법이다.

162 커피관장이 다이어트에 도움이 되는 이유를 설명한 것이다. 틀린 것은?

① 커피관장을 함으로써 체내에 축적된 각종 독소들이 빠져나가기 때문이다.

② 커피의 풍부한 무기물질과 독특한 성분들이 지방분해를 도와주기 때문이다.

③ 커피관장이 지방분해에 뛰어난 효과를 내는 것은 팔미테이트와 카페인 성분 때문이다.

④ 카페인을 많이 마시면 담즙이 분비되는 것을 도와주어 지방을 효과적으로 분해하기 때문이다.

해설 카페인은 많이 마시면 해롭지만 직장을 통해 간으로 바로 흡수되면 담즙이 분비되는 것을 도와주기 때문에 지방을 효과적으로 분해시킨다.

163 다이어트에 도움이 되는 커피의 팔미테이트 성분이 가지는 기능을 바르게 설명한 것은?

① 해독기능을 가진 효소들을 활성화시키는 성질 때문이다.

② 생리대사 기능을 활발하게 하기 때문이다.

③ 운동에너지를 증가시키기 때문이다.

④ 우리 몸의 근육을 성장시키기 때문이다.

164 커피관장법에 관한 설명이다. 바르지 <u>못한</u> 것은?

① 힘들게 굶지 않고 지방을 분해함으로 요요현상 없는 다이어트법이다.

② 장을 깨끗이 씻어내므로 변비가 없어진다.

③ 독소가 몸 밖으로 배출되므로 여드름이나 기미 등의 피부 트러블이 없어진다.

정답 161. ③ 162. ④ 163. ① 164. ④

④ 혼자서도 손쉽게 할 수 있으나 통증이 있다는 것이 단점이다.

165 커피의 분쇄시점과 분쇄입도와 산패와의 관계이다. 바르지 못한 것은?

① 분쇄된 커피는 공기와의 접촉면이 많아지므로 빠르게 산패가 진행된다.
② 분쇄된 커피는 내부에 남아 있었던 탄산가스와 휘발성 향의 방출로 빠르게 진행된다.
③ 분쇄커피에 비해 원두커피가 그 신선도 유지기간이 짧다.
④ 커피를 추출하기 직전에 분쇄해야 신선도의 유지에 도움이 된다.

해설 원두상태의 커피에 비해 분쇄커피는 그 신선도 유지기간이 1/4 미만인 것으로 알려져 있다.

166 커피의 유통기한에 관한 설명이다. 틀린 것은?

① 커피 선진국일수록 출고에서 소비자에게 전달되는 기간이 매우 짧다.
② 유통기한이란 그 신선도와 그에 따른 맛까지도 보장하는 기한이다.
③ 우리나라에서 커피의 유통기간은 제조자가 정하도록 되어 있다.
④ 우리나라의 경우 1년이나 2년으로 표기하는 경우가 많다.

해설 식품으로서의 가치와 안전성을 인정받을 수 있는 최소한의 품질상태일 뿐 신선도와 그에 따른 맛까지도 보장하는 기한이 아니다.

167 우리나라 커피의 유통기간에 관한 설명이다. 바르지 못한 것은?

① 커피의 유통기간을 제조자가 정한다.
② 1년이나 2년으로 표기하는 경우가 많다.
③ 제조일자에 대한 엄격한 기준 시점이 적용되고 있다.
④ 일반적으로 포장이 완료된 시점을 제조일자로 하고 있다.

해설 우리나라의 경우 제조일자에 대한 엄격한 기준 시점이 없다.

168 커피의 신선도에 영향을 주는 요소가 아닌 것은?

① 산소　　　② 온도
③ 압력　　　④ 습도

해설 커피의 신선도는 산소와의 접촉정도에 따라 가장 큰 영향을 받고, 기타 보관 시의 주변 온도와 습도에 따라 영향을 받는다.

169 커피의 신선도에 영향을 주는 성분으로 바르게 묶인 것은?

> ㉠ 산소　㉡ 부피
> ㉢ 습도　㉣ 압력

정답 165. ③ 166. ② 167. ③ 168. ③ 169. ④

① ㉠, ㉡　　　　② ㉡, ㉢

③ ㉢, ㉣　　　　④ ㉠, ㉢

170 커피를 볶으면 지속적으로 어떤 물질이 방출되어 커피에 산소 침투를 막는다. 그 물질로 옳은 것은?

① CO2 gas　　② CH4 gas

③ NO2 gas　　④ SO2 gas

해설 커피를 볶은 후부터 지속적으로 CO2 gas가 방출되는데 CO2 gas는 커피로 침투하는 산소를 차단하는 역할을 한다.

171 커피를 볶을 때 방출되는 CO2 gas의 역할로 옳은 것은?

① 커피 속의 온도를 일정하게 유지하는 역할을 한다.

② 커피로 침투하는 습도를 차단하는 역할을 한다.

③ 커피로 침투하는 산소를 차단하는 역할을 한다.

④ 커피가 분쇄되지 않도록 커피 내부의 압력을 조절한다.

해설 CO2 gas는 커피로 침투하는 산소를 차단하는 역할을 한다.

172 원두 상태의 커피가 가루 상태의 커피보다 향이 월등히 오래가는데 그 이유로 옳은 것은?

① 원두 상태가 공기와 접촉하는 면이

적어지기 때문이다.

② 가루 상태가 습기 침투 가능성이 적어지기 때문이다.

③ 가루 상태는 일정 온도를 유지할 수 없기 때문이다.

④ 원두 상태가 보관이 용이하기 때문이다.

해설 원두 상태의 커피는 가루 상태보다 공기 접촉 면이 적어 향이 훨씬 오래 간다.

173 커피의 신선도를 유지하는 방법이다. 틀린 것은?

① 2주 이내에 사용할 커피는 잘 밀봉하여 신선하고 어두운 곳에 보관한다.

② 커피 원두를 소량으로 구입하여 며칠 이내에 소비하는 것이다.

③ 커피생산자는 대량포장으로 커피를 공급하도록 해야 한다.

④ 일단 개봉된 커피는 최대한 빠른 시일 내에 소진한다.

해설 커피생산자는 소량포장으로 커피를 공급하도록 해야 한다.

174 커피의 보관방법을 열거한 것이다. 바르지 않는 것은?

① 일단 개봉된 커피봉투는 공기를 최대한 뺀 후 개봉 부위를 테이프로 막고 꼭꼭 접어 보관하는 것이 좋다.

정답 170. ① 171. ③ 172. ① 173. ③ 174. ④

② 지퍼백의 경우 공기를 최대한 빼낸 후 지퍼를 닫고 나머지 부분은 접어서 보관한다.

③ 실온상태로 그늘이 지고 서늘하면서 바람이 잘 통하는 장소에 보관한다.

④ 장기간 보관할 경우에는 냉장 보관한다.

해설 장기간 보관할 경우에는 냉동 보관한다.

175 일반적인 커피 보관방법에 관한 설명이다. 바르지 못한 것은?

① 커피는 보관 기간에 따라 냉동과 냉장보관으로 구분한다.

② 장기간 보관할 경우에는 냉동 보관을, 단기간 보관할 경우에는 냉장 상태로 보관하는 것이 좋다.

③ 밸브봉투에 담긴 분쇄커피인 경우 통풍을 위하여 밸브 구멍부위에 작은 통로를 만들면 좋다.

④ 냉동·냉장 보관한 커피를 사용할 때에는 밀폐된 커피 용기를 꺼내어 실내온도와 같아지게 한 뒤에 개봉하여 사용하는 것이 좋다.

해설 밸브봉투에 담긴 분쇄커피인 경우에는 구입 즉시 밸브 구멍부위를 테이프로 밀봉하는 것이 좋다. 밸브를 통해 공기가 유입되어 커피의 산패를 촉진시킬 수 있기 때문이다.

176 커피 보관을 위해 사용하는 밀폐용기에 관한 설명이다. 바르지 못한 것은?

① 밀폐용기에서 커피가 신선도를 유지하려면 용기 속에 커피가 가득 차 있어야 한다.

② 밀폐용기 내의 여유 공간이 있더라도 커피가 내뿜은 탄산가스와 향이 가득 차 있어 산패지연과 향 보존에 어느 정도의 역할을 한다.

③ 밀폐용기를 사용하려면 플라스틱으로 된 것이 좋다.

④ 밀폐용기는 습기의 유입을 막아 커피의 산패를 늦추는 효과가 있으나 소비자의 기대치 만큼의 효과를 기대하기는 어렵다.

해설 밀폐용기를 사용하려면 도자기로 된 것이 좋다. 플라스틱으로 된 것은 향과 기름을 흡수하기 때문에 시간이 지나면 나쁜 냄새가 난다.

177 일반적인 커피의 보관과 사용에 관한 설명이다. 틀린 것은?

① 차가운 커피를 바로 개봉하여 그대로 두면 이슬이 맺혀 커피 맛의 변질을 가속화시킨다.

② 커피숍은 판매량이 많아 1kg 이상 많은 양을 포장 보관하고 개봉하여 판매하는 것이 좋다.

정답 175. ③ 176. ③ 177. ②

③ 그라인더의 용량이 크더라도 한두 시간 정도의 커피 사용량만을 넣고 사용하는 것이 좋다.

④ 포장 단위는 반드시 커피의 신선도를 고려해야 한다.

해설 하루에 1~2kg 정도의 커피를 사용하는 에스프레소 커피숍이더라도 500g을 초과하는 포장단위는 좋지 않다.

178 커피의 보관과 사용에 관한 설명이다. 바르지 <u>못한</u> 것은?

① 차가운 분쇄커피는 그대로 사용해야 커피의 맛과 향을 제대로 끌어낼 수 있다.

② 냉동·냉장 보관하는 방법은 갓 볶은 신선한 커피이어야 의미가 있다.

③ 볶은 지 2주 이상 경과된 커피는 냉동·냉장 보관하더라도 효과가 없다.

④ 포장봉투는 가능한 한 여유 공간이 없어야 한다.

해설 차가운 분쇄커피를 그대로 사용하면 뜨거운 물을 부을 때 추출온도가 낮아져서 커피의 맛과 향을 제대로 끌어낼 수 없게 된다.

179 커피의 보관법 중 봉투를 이용하고자 할 때 바르지 <u>못하게</u> 설명한 것은?

① 포장봉투에 커피를 담은 후 가능한 공기를 모두 빼내고 밀봉해야 한다.

② 봉투가 내용물에 비해 너무 크면 좋지 않다.

③ 일단 개봉되었던 커피라고 하더라도 밀봉만 튼튼히 하면 처음과 같은 향과 맛이 유지된다.

④ 봉투 안의 여유 공간을 최소화하는 것이 좋다.

해설 일단 개봉되었던 커피는 아무리 밀봉을 잘해도, 다시 개봉하였을 때 처음 때와 같은 풍부한 커피향을 결코 느낄 수 없다.

180 커피의 신선도를 결정하는 가장 중요한 시점은 언제인가?

① 상품으로 포장된 시점

② 로스팅 시점

③ 커피를 구입하여 보관하는 시점

④ 커피의 추출 시점

181 커피의 신선도에 관한 설명이다. 바르지 <u>못한</u> 것은?

① 전기 커피메이커에 오래 두고 데워 마시는 것은 좋지 않다.

② 추출된 커피는 20분 이내에 마시는 것이 맛과 향이 살아 있는 커피를 즐기는 방법이다.

③ 커피메이커의 열판 위에서 20분 이상 경과되면 커피의 맛과 향은 변질되게 된다.

정답 178. ① 179. ③ 180. ② 181. ④

④ 분쇄된 커피의 경우 전기 커피메이커로 추출해 놓고, 열판 위에서 커피를 졸여가면서 마시는 것이 더 좋다.

182 커피숍에서 신선한 커피를 사용할 수 있는 방법이다. 거리가 먼 것은?

① 로스팅된 지 10일 이내의 커피를 분쇄상태로 구입한다.
② 구입한 커피 원두는 가능한 빨리 소비한다.
③ 커피원두를 밀폐상태로 어둡고 서늘한 곳에서 실온보관한다.
④ 커피를 추출하기 직전에 적정량의 원두만을 분쇄하여 사용한다.

해설 로스팅된 지 일주일 이내의 커피를 원두상태로 구입한다.

183 커피의 산패에 관한 설명이다. 거리가 먼 것은?

① 산패란 유기물이 산화되어 지방산을 발생시키고 그로 인해 맛과 향이 변하는 현상이다.
② 커피가 공기 중의 산소와 접촉하여 산화되면서 그 맛과 향이 변질되는 것을 말한다.
③ 산패란 커피가 변질되는 것으로 부패와 같은 개념이다.
④ 산패에 영향을 미치는 것은 빛, 산소, 습도가 가장 치명적인 것들이다.

해설 산패는 부패와는 조금 다른 개념이다. 부패는 물질 그 자체가 변질되는 현상이지만 산패란 물질은 변질되지 않더라도 산화되어 맛과 향이 변질됨을 말한다.

184 커피의 산패에 관한 설명이다. 거리가 먼 것은?

① 산패의 관점에서 본다면 생두 상태의 커피는 몇 년 동안도 저장할 수 있다.
② 커피는 로스팅이 되고 나면 매 순간마다 변해 간다.
③ 로스팅 시점으로부터 15~20일 정도 경과하면 산패과정에 접어들었다고 할 수 있다.
④ 분쇄상태가 아니고 가공을 거치지 않은 원두상태라면 산패되는 기간이 훨씬 짧아지게 된다.

해설 보관 상태가 미흡하거나 원두상태가 아니고 가공을 거친 분쇄상태라면 산패의 기간은 훨씬 짧아지게 된다.

185 커피의 산패과정으로 맞는 것은?

① 증발단계 → 성분 간 반응하여 원래 향미 상실 → 내부 성분 변질
② 성분 간 반응하여 원래 향미 상실 → 증발단계 → 내부 성분 변질
③ 증발단계 → 내부 성분 변질 → 성분 간 반응하여 원래 향미 상실

정답 182. ① 183. ③ 184. ④ 185. ①

④ 내부 성분 변질 → 증발단계 → 성분 간 반응하여 원래 향미 상실

186 커피의 산패에 관한 설명이다. 바르지 <u>못한</u> 것은?

① 커피의 산패과정은 생산, 유통, 소비의 모든 단계에 걸쳐 진행된다.
② 커피의 산패는 유통과 소비단계보다는 생산단계에서 더욱 심각하게 진행된다.
③ 커피의 산패를 지연시키기 위해 다양한 포장기술도 개발되었다.
④ 산패 자체를 방지하는 방법은 없다.

187 커피의 로스팅과 산패에 관한 설명이다. 바르지 <u>못한</u> 것은?

① 강한 로스팅일수록 산패가 빨리 진행된다고 볼 수 있다.
② 강한 로스팅이 다공질 조직이 되며 함수율이 낮다.
③ 함수율이 낮다는 것은 커피가 그만큼 건조함을 의미한다.
④ 원두표면의 기름은 습기를 차단한다.

해설 원두표면의 기름은 습기를 차단한다기보다는 기름기 그 자체가 산소와 접촉하면서 오히려 더 산패를 재촉하게 된다.

188 우리가 알고 있는 커피의 유통기한에 속하지 <u>않는</u> 것은?

① 생산 ~ 건조
② 로스팅 ~ 출고
③ 출고 ~ 소비자
④ 구매자 ~ 사용기간

189 커피의 유통과정 중 선진국일수록 그 기간이 짧은 것은?

① 생산 ~ 건조
② 로스팅 ~ 출고
③ 출고 ~ 소비자
④ 구매자 ~ 사용기간

190 커피의 맛과 향에 관한 설명이다. 바르지 <u>못한</u> 것은?

① 전문가가 아니면 세분화된 커피향의 종류를 식별하는 것은 쉽지 않다.
② 커피의 향은 아로마와 플레버로 구분한다.
③ 아로마는 미각적으로 느끼는 것이고 플레버는 후각적으로 느끼는 것이다.
④ 커피의 맛과 향에는 아로마, 플레버 외에도 바디라는 개념이 있다.

정답 186. ② 187. ④ 188. ① 189. ③ 190. ③

191 커피의 맛과 향에 관한 용어 중 후각적인 느낌으로 옳은 것은?

① 아로마　　　② 플레버
③ 바디　　　　④ 블랜드

192 커피의 맛과 향에 관한 용어 중 맛과 향의 복합적인 느낌으로 옳은 것은?

① 에프터테이스트　② 플레버
③ 바디　　　　④ 블랜드

193 커피의 맛과 향에 관한 용어 중 미각적인 느낌으로 옳은 것은?

① 비터　　　　② 플레버
③ 바디　　　　④ 더티

194 커피의 맛과 향에 관한 용어 중 Aftertaste 의 의미를 바르게 설명한 것은?

① 커피를 삼킨 후에 입 안에서 지속되는 커피의 맛과 향을 말한다.
② '산미'라고도 부르며 신맛이라기보다는 새콤한 맛을 뜻한다.
③ 전체적인 향의 뜻으로 향기, 아로마, 플레버, 후미의 총괄적 개념이다.
④ 특별히 어떤 강한 맛이 없는 밋밋하고도 약한 맛의 표현이다.

195 커피의 맛과 향에 관한 용어 중 Bland의 의미를 바르게 설명한 것은?

① 커피를 삼킨 후에 입 안에서 지속되는 커피의 맛과 향을 말한다.
② '산미'라고도 부르며 신맛이라기보다는 새콤한 맛을 뜻한다.
③ 전체적인 향의 뜻으로 향기, 아로마, 플레버, 후미의 총괄적 개념이다.
④ 특별히 어떤 강한 맛이 없는 밋밋하고도 약한 맛의 표현이다.

196 커피의 맛과 향에 관한 용어 중 Bouquet 의 의미를 바르게 설명한 것은?

① 중간 정도의 로스팅 과정에서 생성되는 버터사탕, 꿀과 같은 종류의 냄새를 표현한다.
② 강한 로스팅 커피에서 느껴지는 탄맛을 뜻한다.
③ 전체적인 향의 뜻으로 향기, 아로마, 플레버, 후미의 총괄적 개념이다.
④ 달콤한 맛과 흡사하며 혀끝에서 살짝 느껴지는 맛이다.

197 커피의 맛과 향에 관한 용어 중 Body의 의미를 바르게 설명한 것은?

① 농도와 비슷한 개념으로 입 안 가득히 느껴지는 느낌이며 진하다, 연하다, 중후하다 등으로 표현된다.

정답 191. ① 192. ② 193. ③ 194. ① 195. ④ 196. ③ 197. ①

② 흙냄새, 텁텁하고 시큼한 맛, 곰팡이
냄새 등 불쾌한 맛이다.

③ 거칠고 조화롭지 못한 맛이다.

④ 달콤한 맛과 흡사하며 혀끝에서 살
짝 느껴지는 맛이다.

**198 커피의 맛과 향에 관한 용어 중 Delicate
의 의미를 바르게 설명한 것은?**

① 특별히 어떤 강한 맛이 없는 밋밋하
고도 약한 맛의 표현이다.

② 흙냄새, 텁텁하고 시큼한 맛, 곰팡이
냄새 등 불쾌한 맛이다.

③ 거칠고 조화롭지 못한 맛이다.

④ 달콤한 맛과 흡사하며 혀끝에서 살
짝 느껴지는 맛이다.

**199 커피의 맛과 향에 관한 용어 중 Dirty의
의미를 바르게 설명한 것은?**

① 특별히 어떤 강한 맛이 없는 밋밋하
고도 약한 맛의 표현이다.

② 흙냄새, 텁텁하고 시큼한 맛, 곰팡이
냄새 등 불쾌한 맛이다.

③ 거칠고 조화롭지 못한 맛이다.

④ 달콤한 맛과 흡사하며 혀끝에서 살
짝 느껴지는 맛이다.

**200 커피의 맛과 향에 관한 용어 중 Mild의
의미를 바르게 설명한 것은?**

① 농도와 비슷한 개념으로 입 안 가득

히 느껴지는 느낌이며 진하다, 연하
다, 중후하다 등으로 표현된다.

② 흙냄새, 텁텁하고 시큼한 맛, 곰팡이
냄새 등 불쾌한 맛이다.

③ 쓴맛, 신맛, 단맛, 향미 등 전체적인
커피의 느낌이 부드럽고 조화를 이
루는 맛의 표현이다.

④ 생두 자체가 품고 있었던 냄새성분
으로 약하게 로스팅되었을 때 강조
되는 향이다.

**201 커피의 맛과 향에 관한 용어 중 Rich의
의미를 바르게 설명한 것은?**

① 주로 커피를 삼킬 때 느껴지는 고소
한 향미로 땅콩 같은 볶은 견과류에
서 느껴지는 냄새다.

② 맛과 향, 후미 등 커피의 느낌을 평
가하는 전체적인 부분에 사용되며
그 맛과 향이 진하고 풍부할 때 사용
된다.

③ 혀에서 느껴지는 날카로우면서도 소
금기가 있는 듯한 메마른 느낌을 표
현한다.

④ 생두 자체가 품고 있었던 냄새성분
으로 약하게 로스팅되었을 때 강조
되는 향이다.

정답 198. ④ 199. ② 200. ③ 201. ②

202 커피의 맛과 향에 관한 용어 중 Dry-Aroma의 의미를 바르게 설명한 것은?

① 농도와 비슷한 개념으로 입 안 가득히 느껴지는 느낌이며 진하다, 연하다, 중후하다 등으로 표현된다.

② 흙냄새, 텁텁하고 시큼한 맛, 곰팡이 냄새 등 불쾌한 맛이다.

③ 로스팅된 커피원두로부터 기체상태로 발산되는 향기를 의미한다.

④ 달콤한 맛과 흡사하며 혀끝에서 살짝 느껴지는 맛이다.

203 커피의 맛과 향에 관한 용어 중 Cup-Aroma의 의미를 바르게 설명한 것은?

① 로스팅된 커피원두로부터 기체상태로 발산되는 향기를 의미한다.

② 커피의 기본적인 맛은 극단적으로 말하면 쓴맛이 강약과 질에 있다고 할 수 있다.

③ 전체적인 향의 뜻으로 향기, 아로마, 플레버, 후미의 총괄적 개념이다.

④ 추출된 커피로부터 증발되는 향기를 의미하며 모두 후각으로 느끼는 느낌이다.

204 커피의 맛과 향, 로스팅의 관계를 설명한 것이다. 틀린 것은?

① 로스팅의 강약 정도는 추출된 커피의 맛과 향에 결정적인 영향을 미친다.

② 숙련된 커피 로스터는 맛과 향을 미리 예측하고 로스팅의 정도를 결정해야 한다.

③ 같은 종류의 원두는 로스팅의 정도와 방법도 같게 해야 한다.

④ 블랜드 커피를 로스팅할 경우 원두별 맛과 향의 정도를 어떻게, 어느 정도에서 조화시킬 것인가까지 계산해야 한다.

해설 같은 원두일지라도 어떤 맛과 향을 목적하는냐에 따라 로스팅의 정도가 달라진다.

205 커피와 함께하는 물에 관한 설명이다. 바르지 못한 것은?

① 커피음료는 99%가 물로 이뤄져 있다.

② 수돗물은 염소소독으로 인하여 냉동시켰다가 해동하여 사용하는 것이 좋다.

③ 수돗물의 염소냄새를 완전히 제거할 수 없을 경우에는 정수기를 설치하는 것이 좋다.

④ 물탱크의 물은 일단 저장해 놓았다가 사용하는 것이 좋다. 수돗물은 소독 과정에 사용된 염소에서 강한 냄새가 있기 때문에 언제나 끓여서 사용해야 한다.

정답 202. ③ 203. ④ 204. ③ 205. ②

206 커피를 맛있게 마시는 방법에 관한 설명이다. 바르지 <u>못한</u> 것은?

① 연수보다는 광물질이 섞인 경수를 사용하는 것이 좋다.
② 물의 온도는 85~95℃가 최적이다.
③ 물과 커피의 배합비는 인스턴트 커피의 경우 1인분에 커피 1.5g~ 2g 정도가 적당하다.
④ 커피에 크림을 넣는 경우 설탕을 먼저 넣고 저은 다음에 넣는다.

해설 광물질이 섞인 경수보다는 연수가 적당하다.

207 커피를 맛있게 마시는 방법에 관한 설명이다. 바르지 <u>못한</u> 것은?

① 레귤러 커피의 경우 10g 내외의 커피를 130~150cc의 물을 사용하여 100cc를 추출하는 것이 좋다.
② 커피를 잔에 따랐을 때의 최적온도는 66℃ 내외가 되면 좋다.
③ 커피에 크림을 넣는 경우 설탕과 함께 넣어 저으면 된다.
④ 커피는 다시 데우지 말고 그때그때 마실 만큼만 만든다.

해설 커피에 크림을 넣는 경우, 액상 또는 분말 어느 경우에도 설탕을 먼저 넣고 저은 다음에 넣는다.

208 커피를 맛있게 마시는 방법에 관한 설명이다. 바르지 <u>못한</u> 것은?

① 커피맛과 향을 완벽하게 얻기 위해 가장 짧은 시간에 추출한다.
② 한 번 걸러낸 원두는 재사용하지 않도록 한다.
③ 커피메이커에 알맞은 굵기로 원두를 갈도록 한다.
④ 냄새가 나는 물은 사용하지 않는다.

해설 커피맛과 향의 완벽한 추출을 위해서는 충분한 시간이 필요하다. 맛과 향이 담긴 섬유조직이 팽창되고 와해되어야만 하기 때문이다.

209 커피를 맛있게 마시기 위한 여러 온도에 관한 설명 중 바르지 <u>못한</u> 것은?

① 물의 온도는 85~95℃가 최적이다.
② 물의 온도가 100℃가 넘으면 카페인이 변질된다.
③ 물의 온도가 70℃ 이하이면 독특한 에스프레소 커피의 맛이 살아난다.
④ 커피향은 86℃의 온도에서 가장 잘 유지된다.

해설 물의 온도 70℃ 이하에서는 타닌의 떫은 맛이 난다.

정답 206. ① 207. ③ 208. ① 209. ③

210 커피에 크림을 넣는 경우에 관한 설명이다. **틀린** 것은?

① 설탕을 먼저 넣고 저은 다음에 크림을 넣는다.

② 커피의 온도가 85℃ 이하로 떨어진 후에 크림을 넣어야 한다.

③ 고온의 커피에 넣으면 크림의 단백질이 걸죽한 형태로 응고되는 현상이 나타난다.

④ 설탕을 먼저 넣고 저은 다음에 크림을 넣는 것은 분말커피에는 해당되지 않는다.

해설 액상 또는 분말 어느 경우에도 설탕을 먼저 넣고 저은 다음에 넣는다.

211 커피와 함께하면 좋은 식품 중 일반적으로 가장 잘 어울리는 식품으로 옳은 것은?

① 초콜릿　　　② 버터

③ 우유　　　　④ 술

212 커피에 우유를 넣는 경우에 관한 설명이다. **틀린** 것은?

① 커피와 가장 잘 어울리는 식품은 우유다.

② 커피의 단점이 우리 몸의 비타민을 파괴하는데 우유가 이를 보완해 준다.

③ 커피에 우유를 넣어 마시는 유명한 카페오레도 원래 의료용으로 개발되었다.

④ 부드러운 커피의 맛이 나고, 우유의 유당으로 단맛까지 난다.

해설 커피의 단점 중 하나는 칼슘의 일부를 소변으로 배출시키는 것인데 우유에는 칼슘 함량이 높아 커피의 부족분을 채워줄 수 있다.

213 커피에 크림을 넣는 경우에 관한 설명이다. **바르지 못한** 것은?

① 우유를 사용하면 수분이 많아 커피를 많이 희석시키기 때문에 크림을 많이 사용한다.

② 분말크림은 지방 함량이 매우 높기 때문에 다이어트 시 피해야 할 품목이다.

③ 분말크림은 인스턴트 커피와 잘 어울린다.

④ 액상크림은 원두커피와는 잘 어울린다.

해설 액상크림은 동물성크림으로 지방 함량이 매우 높기 때문에 다이어트를 하는 사람에게는 피해야 할 품목이다.

214 식품위생은 음식물과 관련 있는 비위생적인 요소를 제거해야 하는데 그 요소가 **아닌** 것은?

① 첨가물　　　② 기구

③ 용기　　　　④ 업장 외부

해설 업장 외부가 아닌 포장이다.

정답 210. ④ 211. ③ 212. ② 213. ② 214. ④

215 세균이 생존 · 증식하기 위한 필수 조건이 아닌 것은?

① 수분　　　　② 영양

③ 토양　　　　④ 온도

216 다음은 어떤 식중독에 대한 설명인가?

사람이 균을 가지고 있을 때 식품을 오염시킬 수도 있고, 때로는 닭고기나 달걀 등에 처음부터 균이 존재하는 경우도 있으며, 병에 걸린 동물의 분변이 식품에 오염되는 경우도 있다.

① 장염비브리오 식중독

② 살모넬라 식중독

③ 웰치균 식중독

④ 포도상구균 식중독

217 포도상구균 식중독의 독소는?

① 엔테로톡신　　② 삭시톡신

③ 뉴로톡신　　　④ 테트로도톡신

218 다음은 무엇에 대한 설명인가?

식품관리자들에게 잠정적인 위험요인을 사전에 알려주어 즉각적인 조치를 취할 수 있도록 고안된 품질관리를 위해 예방체계로 미생물적인 관리에 역점을 두고 있다.
쥐, 파리, 바퀴벌레 등에 의해 식품에 오염된다.

① HAOOP　　　② HATSL

③ HACCP　　　④ HECCO

219 커핑 시 일반적으로 몇 온스의 컵을 사용하는가?

① 1온스　　　　② 2온스

③ 4온스　　　　④ 6온스

220 커핑 시 후각평가 항목이 아닌 것은?

① 원두의 향

② 분쇄 커피의 향

③ 입속에 퍼지는 커피 향

④ 바디감

221 감칠맛이 많이 느껴지는 커피품종은?

① 케냐　　　　② 콜롬비아

③ 블루 마운틴　　④ 코스타리카

222 덜 볶은 콩이나 오래 추출한 커피에서 발생하는 맛은?

① 떫은 맛　　　② 쓴맛

③ 거친 맛　　　④ 단맛

223 커핑 물붓기를 할 때 적정 물온도는?

① 70~75℃　　② 75~80℃

③ 83~87℃　　④ 93~95℃

정답 215. ③ 216. ② 217. ① 218. ③ 219. ④
220. ④ 221. ① 222. ③ 223. ④

224 SCAA 컵핑 평가에서 가루상태의 냄새를 나타내는 것은?

① Fragrance   ② Aroma

③ Flavor   ④ Aftertaste

225 에스프레소 커피를 중심으로 하는 높은 수준의 커피에 대한 경험과 지식을 가지고, 커피의 종류와 에스프레소, 품질, 종류, 로스트 정도, 장비의 관리, 라떼 아트 등의 커피에 대한 지식을 바탕으로 숙련된 커피를 만들어 내는 사람을 무엇이라고 하는가?

① 바리스타   ② 로스터

③ 바르멘   ④ 웨이터

226 "커피는 악마와 같이 검고, 지옥과 같이 뜨거우며, 천사와 같이 순수하고, 키스 처럼 달콤하다…"라고 한 프랑스 작가는?

① 키넨   ② 막스마라

③ 돈키호테   ④ 타테랑

227 포터필터를 장착하는 곳은?

① 그룹헤드   ② 개스킷

③ 도징   ④ 닉 박스

228 더블과 같은 뜻으로 사용되는 것은?

① 리스트레또   ② 에스프레소

③ 원샷   ④ 도피오

229 커피에서 저자극적인 맛이 나도록 하기 위해 커피를 습기가 많은 상태에서 장시간 둠으로써 열매를 숙성시키는 방식으로 '숙성된 커피(aged coffee)'라고 불리는 것은?

① 케냐   ② 모카자바

③ 몬수닝   ④ 마키아또

230 커피에 휘핑한 크림을 넣어서 부드럽게 마시는 오스트리아 빈 도시의 전통 커피는?

① 비엔나

② 캐러멜 마키아또

③ 프라푸치노

④ 카페오레

231 오스트리아 빈에서 오후 3시에서 5시 사이에 커피를 마시는 시간을 무엇이라고 하는가?

① 슈파르제   ② 아우스 레인

③ 아우스 바인   ④ 야우제

232 에스프레소의 표면에 떠 있는 황금색의 거품을 무엇이라고 하는가?

① 크레마   ② 크레송

③ 프리마   ④ 크레이어

정답 224. ① 225. ① 226. ④ 227. ① 228. ④
229. ③ 230. ① 231. ④ 232. ①

233 에스프레소 추출 시 분쇄 후 포터필터의 상단부분을 두드려서 원두를 고르는 단계를 무엇이라고 하는가?

① 태핑   ② 탬핑
③ 추출   ④ 블랜드

234 에스프레소 추출 시 분쇄 후 원두를 다지는 단계를 무엇이라고 하는가?

① 태핑   ② 탬핑
③ 분쇄   ④ 혼합

235 에스프레소 추출 시 두 잔을 추출하려면 몇 g의 원두가 필요한가?

① 5g   ② 8g
③ 10g   ④ 15g

236 1차 탬핑 시 가하는 힘의 무게는?

① 2~3kg   ② 5kg
③ 7kg   ④ 10kg

237 에스프레소에 관한 설명이다. 바르지 <u>않는</u> 것은?

① Espresso란 빠르다는 에티오피아어에서 나온 말이다.
② 커피메이커나 드립퍼로는 에스프레소를 만들기 힘들다.
③ 제대로 추출된 에스프레소는 우선 양이 적고 맛이 매우 진하다.

④ 에스프레소에는 크레마라는 황금색 크림층이 윗부분에 형성된다.

해설 Espresso란 빠르다는 이탈리아어에서 나온 말이다.

238 에스프레소에 관한 설명이다. 바르지 <u>않는</u> 것은?

① 드립식에 비해 에스프레소의 추출이 1~2분 정도 훨씬 느리다.
② 약 9기압 정도의 증기를 투과시켜 추출한다.
③ 크레마가 에스프레소의 맛을 좌우한다 해도 과언이 아니다.
④ 에스프레소는 그냥 마셔도 커피 고유의 향과 감칠맛이 난다.

해설 드립식(1~2분)에 비해 에스프레소의 추출은 20초 정도 훨씬 빠르다.

239 에스프레소에 관한 설명이다. 바르지 <u>않는</u> 것은?

① 에스프레소의 진정한 매력은 짙은 감칠맛과 폭발적인 향에 있다.
② 에스프레소의 맛과 향은 원두의 단백질 성분 때문이다.
③ 휘발성 향은 에스프레소로 만들어지면서 공기 중으로 방출된다.

정답 233. ① 234. ② 235. ④ 236. ① 237. ①
238. ① 239. ②

272 | Coffee N Coffee

④ 이탈리아에서는 에스프레소에 아무것
도 첨가하지 않은 채 그대로 마신다.

해설 에스프레소의 맛과 향은 원두의 지방성분 때문이다.

240 에스프레소의 크레마(crema)에 관한 설명이다. 틀린 것은?

① 크레마는 에스프레소를 추출하는 데 있어 가장 중요한 요소이다.
② 크레마는 에스프레소의 품질을 시각적으로 판단할 수 있는 기준이 된다.
③ 영어로 프리마라는 뜻이다.
④ 크레마는 처음 추출될 때는 짙은 갈색이다.

해설 영어로 크림이란 뜻.

241 에스프레소의 크레마(crema)에 관한 설명이다. 틀린 것은?

① 크레마는 시간이 지나면서 점점 엷은 갈색으로 변한다.
② 가장 좋은 상태의 크레마는 갈색 띠가 3~4mm 정도 형성된 것이다.
③ 좋은 상태의 크레마는 표면에는 호랑이 줄무늬가 형성된다.
④ 크레마는 처음 추출될 때는 검은색에 가깝다.

해설 크레마는 처음 추출될 때는 짙은 갈색이다.

242 에스프레소 기계 중 보일러에 물이 얼마나 들어 있는가를 표시해 주는 것은?

① 압력 게이지
② 분산스크린
③ 스팀노즐
④ 워터 레벨 게이지

243 에스프레소 기계 중 스팀과 물의 압력레벨을 표시해 주는 장치는?

① 워터노즐　　　② 압력 게이지
③ 개스킷　　　　④ 포타필터

244 에스프레소 기계 중 분산 스크린(디퓨저)의 역할은?

① 추출할 때 고온·고압의 물이 새지 않도록 차단하는 역할을 한다.
② 바스켓필터의 커피에 물이 고르게 분배되도록 해준다.
③ 에스프레소에 필요한 적절한 온도로 가열하고 저장하는 역할을 한다.
④ 보일러에 물이 얼마나 들어 있는가를 표시하는 역할을 한다.

245 에스프레소 기계 중 개스킷의 역할은?

① 필터홀더에 커피를 담아 눌러줄 때 사용하는 역할을 한다.
② 원두를 분쇄하는 역할을 한다.

정답 240. ③ 241. ④ 242. ④ 243. ② 244. ②
245. ③

③ 추출할 때 고온·고압의 물이 새지 않도록 차단하는 역할을 한다.

④ 바스켓필터의 커피에 물이 고르게 분배되도록 해준다.

246 에스프레소 기계 중 에스프레소에 필요한 적절한 온도로 가열하고 저장하는 역할을 하는 장치는?

① 보일러　　　　② 개스킷
③ 분산스크린　　④ 그라인더

247 에스프레소 기계 중 탬퍼를 설명한 것으로 바른 것은?

① 바스켓필터, 블랭크필터로 구성
② 필터홀더에 커피를 담아 눌러줄 때 사용하는 도구
③ 회전하는 2개의 날로 이루어짐
④ 디퓨저라고도 함

248 에스프레소 기계 중 원두를 분쇄하는데 사용하는 기계는?

① 보일러　　　　② 개스킷
③ 분산스크린　　④ 그라인더

249 에스프레소 추출 시 분쇄에 관한 설명이다. 바르지 <u>않는</u> 것은?

① 입자의 크기는 0.5mm 정도가 좋다.
② 원두를 미세하게 분쇄해야 한다.
③ 그라인더는 숫자가 낮을수록 굵기가

굵어진다.

④ 입자가 너무 고우면 쓴맛이 강한 커피가 된다.

해설 일반적으로 그라인더는 숫자가 낮을수록 굵기가 가늘어지며 숫자가 높을수록 굵어진다.

250 에스프레소 머신기구를 이용할 경우 한 잔에 들어가는 일반적인 커피의 양으로 바른 것은?

① 4.5g ~ 5.5g　　② 6g ~ 7g
③ 8g ~ 9g　　　　④ 9g ~ 10g

251 다음은 탬핑에 관한 설명이다. 바르지 <u>않는</u> 것은?

① 탬핑이란 필터홀더에 커피를 담아 꾹꾹 눌러 다지는 작업을 말한다.
② 커피가 단단하게 눌리면 그만큼 향이 충분하게 우러난다.
③ 필터 주위에 원두가루가 묻지 않도록 주의해야 한다.
④ 원두가 묻었을 경우에는 반드시 닦아주어야 하지만 균형은 중요하지 않다.

정답 246. ① **247.** ② **248.** ④ **249.** ③ **250.** ② **251.** ④

252 에스프레소 커피의 추출량에 대한 설명이다. 바르지 **못한** 것은?

① 사용되는 커피의 양은 보통 드립커피를 만들 때 양의 2/3이다.

② 드립식보다 물을 훨씬 많이 넣는다.

③ 에스프레소 커피는 약 1oz 즉, 30㎖를 기본 추출량으로 한다.

④ 추출량을 초과하여 커피를 추출하면 맛과 향이 떨어진다.

해설 드립식보다 물을 훨씬 적게 넣는다.

253 에스프레소 추출 시 너무 진한 크레마 (Dark Crema)가 추출되었다. 원인이 될 수 없는 것은?

① 물의 온도가 95℃보다 높은 경우

② 펌프압력이 기준압력보다 낮은 경우

③ 포터필터의 구멍이 너무 큰 경우

④ 물공급이 제대로 안 되는 경우

254 에스프레소 머신의 일일 점검사항이 <u>아닌</u> 것은?

① 보일러 압력

② 물의 온도 체크

③ 개스킷의 마모상태

④ 분사홀더의 세척상태

255 에스프레소 머신에 장착되는 순서대로 위로부터 나열된 것은?

A : Filter   B : Shower   C : Filter Holder
D : Shower Support   E : Gasket

① E − B − D − A − C

② D − B − A − C − E

③ E − D − B − A − C

④ E − C − A − D − B

256 커피 위에 앉은 우유거품의 모습이 이탈리아 카푸친 수도회의 수도사 머리를 감추기 위해 쓴 모자와 비슷하다고 하여 붙여진 이름은?

① 카푸치노

② 프라프치노

③ 룽고

④ 카페라떼

257 영어의 마크(Mark)와 같은 어원으로 이탈리아어인데 점을 찍다, 표시를 하다 등의 뜻을 가진 커피는?

① 비엔나

② 카페오레

③ 프라프치노

④ 마키야또

258 비엔나 커피를 응용해서 만든 휘핑크림 위에 정열적인 붉은색 체리를 올려 보기에 화려하고 맛은 상큼한 커피는?

① 카페 플라멩코

② 러시안 커피

③ 스페인 커피

④ 카페라떼

정답 252. ② 253. ③ 254. ③ 255. ③ 256. ①
257. ④ 258. ①

259 물 대신 커피 추출액으로 홍차를 우려내 홍차와 커피의 향을 함께 즐길 수 있는 커피는?

① 카페커피　　② 티 카페

③ 스노우 커피　　④ 버터커피

260 위스키가 들어간 커피로 컵의 입술이 닿는 부문에 레몬즙과 입자가 굵은 설탕을 묻히는 커피는?

① 커피슈가

② 커피샤워

③ 커피 밀크 셰이크

④ 커피 플로트

261 아이스 커피와 브랜디, 카카오 향이 같이 어우러져 가장 전통적인 분위기를 내는 커피는?

① 아이리쉬 커피　　② 커피 플로트

③ 커피 알렉산더　　④ 커피 프로스티

정답 259. ② 260. ② 261. ③

01 다음은 커피의 품종에 관하여 설명한 것이다. 바르게 연결된 것은?

> 세계에는 60여 종의 커피가 있는데, 그 중 가장 많이 재배되고 있는 것이 (㉠)종과 (㉡)종이다. (㉠)종은 전 세계 커피 생산의 약 75%를 차지하며, 아로마(aroma), 바디(body), 부드러움(smooth), 새콤함(acidity), 초콜릿 맛(chocolate taste)이 다른 종에 비해 풍부하다. (㉡)종은 강한 생명력을 가진 품종으로서 병의 저항력이 강하고, 거칠고(harsh), 쓴맛(bitter)이 강하며, 대부분 인스턴트 커피에 많이 사용된다.

① ㉠ – 아라비카, ㉡ – 로부스타
② ㉠ – 아라비카, ㉡ – 리베리카
③ ㉠ – 리베리카, ㉡ – 로부스타
④ ㉠ – 로부스타, ㉡ – 아라비카

02 커피의 과실을 형태학적으로 분류하면 무엇인가?

① 핵과 (核果)　　② 견과 (堅果)
③ 장과 (漿果)　　④ 건과 (乾果)

03 생두를 얻기 위해 커피 과육에서 껍질을 벗겨내는 가공 방식에 해당하지 <u>않는</u> 것은?

① 세미 워시드　　② 세척법
③ 자연건조법　　④ 자연가공법

04 탬핑을 하는 가장 큰 이유는?

① 물이 통과할 때 균일한 커피 표면 유지를 위해
② 필터에 커피를 고르게 채우기 위해
③ 두꺼운 크레마를 얻기 위해
④ 물과의 접촉 면적을 늘리기 위해

> **해설** 커피의 3대 원종 : 아라비카종, 로부스타종, 리베리아종(=리베리카종)

05 우리나라에서 처음 커피를 마신 사람으로 많이 알려진 주장은 고종(高宗)이다. 고종은 덕수궁 내에 우리 나라 최초의 로마네스크풍의 건물을 지어 이곳에서 커피와 다과를 즐겼다고 한다. 이곳은?

① 경복궁　　② 다원
③ 덕수궁　　④ 정관헌

06 커피에 쓴맛을 부여하는 알칼로이드 물질은 무엇일까?

① 카페인　　② 나리진
③ 알칼로이드　　④ 니신

정답 01. ① 02. ① 03. ② 04. ① 05. ④ 06. ①

07 디카페인(Decaffeinated) 커피 추출 방법이 <u>아닌</u> 것은?

① H2O — European Process

② Swiss — Water Process

③ Traditional Process

④ CO2 — Water Process

08 현재 우리가 알고 있는 커피가 '커피'라고 불리기 시작한 시기는?

① 1550년 무렵부터

② 1650년 무렵부터

③ 1750년 무렵부터

④ 1850년 무렵부터

09 커피의 다양한 맛과 그 맛의 근원이 되는 성분이다 <u>틀린</u> 것은?

① 신맛 – 지방산

② 쓴맛 – 카페인

③ 단맛 – 당질

④ 떫은 맛 – 리놀레산

10 커피의 다양한 맛 중 신맛의 원인이 되는 지방산이 포함되지 <u>않는</u> 것은?

① 휘발성 유기산   ② 올레산

③ 팔미트산   ④ 스테아르산

11 오늘날 상업적으로 재배되는 커피의 3대 원종에 속하지 <u>않는</u> 것은?

① 아라비카   ② 로부스타

③ 레귤러   ④ 리베리카

12 1861년 아프리카 동부의 우간다와 에티오피아에서 발생, 실론과 마이소올에 전염되어 커피나무를 전멸시킨 것은?

① 사비병   ② 알레르기병

③ 흑사병   ④ 각질병

13 북위 25도에 북회귀선, 남위 25도에 남회귀선 사이에 지구를 일주하는 환상지대에 위치한 70여개 국에서 커피가 생산되는데 이 지역을 가르키는 말로 바르게 짝지어진 것은?

> ㉠ 커피존(Coffee Zone)
> ㉡ 커피에어리어(Coffee Area)
> ㉢ 커피벨트(Coffee Belt)
> ㉣ 커피그라운드(Coffee Ground)

① ㉠, ㉡   ② ㉠, ㉣

③ ㉠, ㉢   ④ ㉢, ㉣

14 커피의 향미를 표현하는 용어가 <u>아닌</u> 것은?

① bland   ② low

③ acidity   ④ bitter

정답 07. ① 08. ② 09. ④ 10. ① 11. ③ 12. ①
13. ③ 14. ②

15 커피가 공기 중의 산소와 반응하여 변패되는 현상을 자동산화라고 한다. 아래의 성분 중에서 자동산화반응을 일으키는 커피의 성분은?

① 포화지방산

② 불포화지방산

③ 타닌

④ 당질

16 커피의 보관방법 중 향미 유지를 위한 가장 좋은 방법은?

① 분쇄된 커피는 사용 후 그 상태로 보관한다.

② 공기와의 접촉을 최소화한다.

③ 햇볕이 잘 드는 곳에 보관한다.

④ 반드시 냉동고에 보관한다.

17 커피를 최초로 볶아서 즐기기 시작한 나라는?

① 미국   ② 터키

③ 브라질   ④ 에티오피아

18 커피의 향미를 평가하는 순서로 가장 적당한 것은?

① 감촉, 맛, 향기

② 색상, 감촉, 맛

③ 향기, 맛, 감촉

④ 맛, 향기, 감촉

19 다음은 무엇에 관한 설명인가?

> 뜨거운 물속에 흑설탕을 넣고 끓여서 녹인 후 불을 끄고 커피가루를 넣고 저은 뒤 가루가 모두 가라앉을 때까지 5분쯤 두었다가 맑은 커피만을 마시는 것

① 러시안 커피(Russian Coffee)

② 콜롬비아의 틴토(tinto)

③ 카푸치노

④ 카페라떼

20 커피열매 속에는 대부분 두 쪽의 열매가 들어 있다. 그런데 씨가 하나밖에 없는 경우가 있고 그 모양이 둥근 형태인데 이것을 무엇이라 하는가?

① 피토리   ② 피어리

③ 피베리   ④ 피코리

21 커피콩의 구입 시 포장에 명시된 상품명인 Brazil Santos NO.2, screen 19 등의 의미는?

① 결점두의 혼입량

② 커피콩의 크기에 의한 분류

③ 투명정도에 의한 분류

④ 커피콩의 모양에 의한 분류

22 다음에 열거한 것 중 커피열매의 내부구조와 관련이 없는 것은?

① 센터 컷(center cut)
② 체리(cherry)
③ 은피
④ 내과피

23 다음은 커피의 정제법 중 건식법에 대한 설명이다. 틀린 것은?

① 정제 기간이 약 2주 정도 필요하다.
② 비용이 많이 들기는 하지만 좋은 품질의 커피를 얻을 수 있다.
③ 아주 오랜 옛날부터 사용되던 방식으로 인공건조와 자연건조가 있다.
④ 건조탑이라는 설비를 필요로 하는 것은 건식법 중 인공건조에 해당한다.

해설 ②는 습식법에 대한 설명이다.

24 다음은 커피의 정제법 중 건식법에 대한 설명이다. 틀린 것은?

① 대부분 아라비카 커피의 생산국에서 사용되고 있는 방법이다.
② 보통 50℃의 열풍으로 3일 정도 건조시킨다.
③ 체리의 윗부분과 아랫부분을 자주 고루 섞어 주어야 하며, 밤에는 이슬을 피하기 위해 한 곳에 모아 덮개를 씌워주어야 한다.
④ 별도의 설비에 대한 투자가 필요하지

않을 수도 있는 방법이다.

25 아래 보기의 조건으로 만들어진 커피를 무엇이라고 부르는가?

> ㉠ 그린빈(green bean) 상태의 커피콩을 증기로 쪄서 수분률이 50~60%가 되게 한다.
> ㉡ 솔벤트, 물, CO2 등을 사용하여 커피와 카페인을 분리한다.
> ㉢ 다시 커피성분을 넣고 열풍 건조시켜 수분률을 13%로 맞춘다.

① 초이스 커피　　② 디카페인 커피
③ 향 커피　　　　④ 인스턴트 커피

26 커피의 품종 중 리베리카종에 대한 설명으로 맞지 않는 것은?

① 에티오피아가 원산지이다.
② 열매의 크기가 크고 강하여 재배하기 쉽다.
③ 저지대에서도 잘 자란다.
④ 수출보다는 대개 자국 소비에 그치며 쓴맛이 지나치게 강하다.

27 커피의 품종 중 아라비카종에 대한 설명으로 맞는 것은?

① 병충해에 강하다.
② 인스턴트 커피에 주로 사용한다.
③ 성장속도는 느리나 향미가 풍부하다.
④ 열매의 모양이 둥글다.

정답 22. ② 23. ② 24. ① 25. ② 26. ① 27. ③

28 커피의 품종 중 로부스타종에 대한 설명으로 맞는 것은?

① 적정 성장 온도는 15~24℃이다.
② 카페인 함유량이 적다(0.8~1.4%).
③ 해발 1,000~2,000m 정도에서 자란다.
④ 주로 인스턴트 커피 및 배합용으로 사용된다.

29 커피 생산지로서의 브라질에 관한 설명이다. 바르지 <u>못한</u> 것은?

① 아라비카를 생산할 뿐 로부스타는 생산하지 않는다.
② 커피의 대부분은 상파울루의 산토스(Santos) 항구로 집결되어 수출된다.
③ 상파울루(San Paulo)는 브라질의 주요 커피산지 중 하나이다.
④ 브라질의 유명커피로는 'Brazil Santos NO.2'가 있다.

30 다음 식자재의 관리 중 가장 기본이 되는 방법은?

① 먼저 입고된 식자재를 먼저 사용한다.
② 가능한 남기는 것이 없도록 철저히 계량하여 사용한다.
③ 식자재가 고가인 것을 먼저 사용한다.
④ 유통기간이 가까워지는 식자재는 냉동 보관 후 필요한 만큼만 해동하여 사용한다.

31 글라스(Glass)를 잡을 때 어느 부분을 잡아야 가장 위생적으로 합당한가?

① 글라스의 상단
② 글라스의 입술 닿는 가장 자리
③ 글라스의 하단
④ 글라스의 어떤 부분도 무관하다.

32 다음 중 배전할 때 원두가 갈색으로 변화하는 이유는 원두의 어떤 성분이 변화하는 것인가?

① 당질   ② 카페인
③ 지질   ④ 타닌

33 다음 중 로스팅을 하는 경우 가장 크게 변화되는 것은?

① 용적률   ② 수분
③ 향미   ④ 무게

34 다음은 에스프레소 메뉴에 관련된 용어들이다. 바르지 <u>못한</u> 것은?

① 도피오(Doppio) : '두 배'라는 뜻으로 더블 에스프레소라고 부르는 메뉴
② 데미타스(Demitasse) : 시간을 길게 주어서 추출하여 쓴맛을 더 강조한 에스프레소 메뉴

정답 28. ④ 29. ① 30. ① 31. ③ 32. ① 33. ② 34. ②

부록2 바리스타 자격시험 출제예상문제 **281**

③ 리스트레또(Ristrotto) : 짧은 시간에
추출한 15~20㎖ 이하의 적은 양의
에스프레소 메뉴

④ 룽고(lungo) : 시간을 길게하여
35~45㎖의 양을 추출한 에스프레
소 메뉴

35 인도네시아에서 커피를 경작하여 대규모
커피경작의 역사를 연 나라는?

① 네덜란드　　　② 프랑스
③ 에티오피아　　④ 미국

36 볶기의 3대 과정의 올바른 순서는?

① 건조 – 냉각 – 열분해
② 건조 – 열분해 – 냉각
③ 열분해 – 건조 – 냉각
④ 냉각 – 열분해 – 건조

37 터키 사람들이 커피를 끓여 마시는 기구를
무엇이라 부르는가?

① Melior　　　② Ibrik
③ Percolator　④ Drip

38 로스팅 방식에 대한 설명 중 맞게 연결된
것은?

로스팅 방식은 크게 3가지로 분류할 수 있다. 가
스불의 열량이 드럼내부의 온도와 드럼 외부의
구멍을 통해 직접 드럼 속의 커피와 열이 통하는

방식을 (㉠) 식이라 한다. 가열된 공기가 드럼
뒤쪽 구멍을 통해 드럼으로 들어가게 되고 데워
진 드럼의 온도에 의해서 로스팅 되는 것을 (㉡)
식이라 한다.
화력이 드럼 밑에 붙어 있는 형태가 아니라 기
계 뒷부분에 부착되어 있어 250도 화력을 이용
해 순수한 뜨거운 바람으로 로스팅을 균일하게
하고 로스팅 시간을 단축할 수 있는 방식을 (㉢)
식이라 한다.

① ㉠ 반열풍식 ㉡ 직화식 ㉢ 열풍식
② ㉠ 반열풍식 ㉡ 열풍식 ㉢ 직화식
③ ㉠ 직화식 ㉡ 반열풍식 ㉢ 열풍식
④ ㉠ 열풍식 ㉡ 반열풍식 ㉢ 직화식

39 수세식 공정 순서가 바른 것은?

① 수확 → 선별 → 세척(이물질 분리)
→ 과육제거 → 발효조 → 수세 →
건조 → 파치먼트 선별 → 창고
② 수확 → 선별 → 과육제거 → 수조
→ 파치먼트 선별 → 발효조 → 수세
→ 건조 → 창고
③ 수확 → 선별 → 과육제거 → 수조
→ 발효조 → 파치먼트 선별 → 수세
→ 건조 → 창고
④ 수확 → 선별 → 세척(이물질 분리)
→ 과육제거 → 파치먼트 선별 → 발
효조 → 수세 → 건조 → 창고

정답 35. ① 36. ② 37. ② 38. ③ 39. ①

40 과테말라의 대표적 커피로 쏘는 듯한 스모크 향과 깊고 풍부한 맛, 살며시 느껴지는 초콜릿 맛이 일품인 것은?

① 타라주   ② 안티구아
③ 산토스   ④ 엑셀소

41 커피의 황제, 세계 최고의 커피, 부드럽고도 조화로운 맛이며 타 지역 커피에 비해 밀도가 높은 커피는?

① 블루 마운틴   ② 안티구아
③ 엑셀소   ④ 산토스

42 커피 전문점 관리에서 바람직하지 <u>못한</u> 것은?

① 연령, 소득 등 인구통계학 특성에 따라 목표고객을 분석한다.
② 영업 시간대별 매출분석을 통해 미리 예측한다.
③ 업장규모는 가급적 크게 구성한다.
④ 경쟁업체분석을 수시로 점검한다.

43 에스프레소 기계, 드립퍼(Dripper), 사이폰(Syphon) 등의 사용하는 커피기구에 따라 커피 분쇄도를 다르게 하는 이유는?

① 커피 분말입자의 크기에 따라 미분의 생성도가 달라지므로
② 추출 시 필요한 커피의 용량을 정확히 측정할 수 있으므로
③ 커피 분말입자의 크기에 따라 뜨거운 물이 접촉하는 표면적이 달라지므로
④ 커피 분말입자의 크기를 다르게 하여 많은 양의 커피를 추출하기 위하여

44 바람직한 바리스타(Barista)의 행동이 <u>아닌</u> 것은?

① 커피 제조 시 계량법을 지키지 않는다.
② 일일 판매할 재료의 양과 품질이 적당한지 확인한다.
③ 영업장의 환기 및 기물 등의 청결을 깨끗이 유지관리 한다.
④ 영업장 내에 필요한 물품재고를 항상 파악한다.

45 추출을 위한 분쇄 방법 중 <u>틀린</u> 설명은?

① 선택한 추출방법에 알맞은 분쇄 입자를 선택해야 한다.
② 분쇄 입자의 크기가 균일해야 양질의 성분을 일정하게 추출할 수 있다.
③ 미분이 많이 함유되어 있을 때 좋은 맛의 커피를 추출할 수 있다.
④ 적합한 분쇄는 양질의 원두, 적절한 로스팅, 올바른 추출법과 함께 좋은 커피를 얻기 위한 중요한 요소이다.

정답 40. ② 41. ① 42. ③ 43. ③ 44. ① 45. ③

46 커피 배전 시 일어나는 물리적 현상이 <u>아</u>닌 것은?

① 원두 크기의 변화는 없다.

② 온도의 상승으로 원두와 실버스킨이 분리된다.

③ 수분이 증발하고 내부 조직이 팽창되면서 1차 크랙이 발생한다.

④ 1차 크랙 발생 후 2차 크랙이 발생한다.

47 에티오피아에서 생산되는 커피가 <u>아닌</u> 것은?

① 하라(Harrar)

② 이르가체페(Yirgacheffe)

③ 시다모(Sidamo)

④ 코나(Kona)

48 어느 커피 생산지에 관한 설명이다. 맞는 것은?

㉠ 커피의 80%는 일본으로 수출되고, 나머지 20%를 가지고 세계가 나누어 먹고 있다.

㉡ 커피의 황제라고 불리는 블루마운틴 커피를 생산한다.

㉢ 일본의 투자로 기계적인 생두의 고속 습식가 공법으로 생두를 가공한다.

---

① 브라질 　　　　② 과테말라

③ 자메이카 　　　④ 푸에르토리코

49 에티오피아에서 생산되는 커피 중 '에티오피아의 축복'이라고 불려지는 것은?

① 하라(Harrar)

② 이르가체페(Yirgacheffe)

③ 시다모(Sidamo)

④ 코나(Kona)

50 다음 문장 중 배전과 맛의 변화를 적절히 설명한 것은?

① 강배전일수록 쓴맛이 강하다.

② 강배전일수록 신맛이 강하다.

③ 약배전일수록 탄맛이 강하다.

④ 약배전일수록 단맛이 강하다.

51 커피의 배전(Roasting)은 온도와 시간에 따라 저온-장시간 배전과 고온-단시간 배전으로 분류될 수 있다. 다음 중 이 두 가지 배전의 비교 설명으로 옳은 것은?

① 저온-장시간 배전은 팽창이 크고 밀도가 작은 반면, 고온-단시간 배전은 팽창이 적어 밀도가 크다.

② 저온-장시간 배전 시 1잔당 커피사용량은 10~20% 덜 쓰게 돼서 경제적이다.

③ 고온-단시간 배전의 볶는 온도는 200℃가 좋다.

④ 저온-장시간 배전은 고온-단시간 배전보다 수용성 성분이 적어진다.

정답 46. ① 47. ④ 48. ③ 49. ① 50. ① 51. ④

52 생두를 볶는 과정에서 부피가 가장 커지는 단계는?

① 시나몬   ② 풀시티

③ 하이   ④ 프렌치

53 에스프레소 기계의 증기압력을 만드는 부품은?

① 급수펌프   ② 보일러

③ 분사필터   ④ 압력 게이지

54 다음 중 커피를 추출하는 방식 중 보일링(Boiling)법에 해당하는 것은?

① 에스프레소   ② 페이퍼드립

③ 프렌치 프레스   ④ 이브릭

55 에스프레소 추출 전 '물 흘려보내기'동작에 대한 내용이다 <u>틀린</u> 것은?

① 샤워망에 묻어 있을 수 있는 찌꺼기를 제거하기 위한 동작이다.

② 머신의 정상작동 여부를 확인하는 동작이다.

③ 과열되어 있을 수 있는 추출수를 제거하기 위한 동작이다.

④ 드립트레이(Drip tray)를 씻어내어 잔 밑부분의 청결을 유지하기 위한 동작이다.

56 추출된 에스프레소의 평가 시 관능적(Sensory) 평가에 대한 설명으로 <u>틀린</u> 것은?

① 크레마의 컬러는 붉은색이 감도는 브라운색이 좋다.

② 크레마는 지속력과 복원력이 높을수록 좋다고 평가한다.

③ 신맛, 쓴맛 그리고 짠맛이 균형잡힌 에스프레소를 훌륭하다고 평가한다.

④ 에스프레소의 body감이 높을수록 훌륭하다고 평가한다.

57 그라인더에 적절한 굵기의 커피를 분쇄하여 배출레버의 동작에 의해 일정한 양의 커피가 배출되도록 하는 일련의 행위를 무엇이라 하는가?

① Grinding   ② Cupping

③ Packing   ④ Dosing

58 커피명에 보통 decaf 표시를 하는 커피는 다음 중 어느 것인가?

① 향커피

② 콜롬비아 커피

③ 레귤러 커피

④ 카페인제거 커피

정답 52. ④ 53. ② 54. ④ 55. ④ 56. ③ 57. ④ 58. ④

59 다음 연결 중 **틀린** 것은?

① Romano − cheese

② Shakerrato − shaking

③ Freddo − ice

④ Lungo − long

60 커피과실에서 생콩(green beans)을 꺼내는 과정을 정제(精製)라고 하는데, 건식법을 이용한 정제과정에 대한 설명 중 **틀린** 것은?

① 건조과정 중 발효를 방지하기 위하여 매일 여러 번 섞어 주어야 한다.

② 수확한 과실을 건조장에서 넓게 펴고, 수분함량이 20% 이하가 될 때까지 건조시킨다.

③ 건조에 소요되는 일수는 과실의 숙도에 상관없이 일정하다.

④ 아라비카종이나 로부스타종이나 모두 사용된다.

61 로스팅 단계 중 강배전(Dark Roast)에 대한 설명 중 **틀린** 것은?

① 커피의 볶음 정도를 강하게 할수록 커피원두의 무게는 줄어든다.

② 카페인 양은 감소한다.

③ 이산화탄소는 증가하며 옅은 풋냄새 향은 증가한다.

④ 오일(커피 지방성분)의 양은 일정량이 늘어난 후 줄어든다.

62 다음 추출 방식 중 투과법에 해당하지 **않는** 것은?

① 이브릭　　　　② 페이퍼드립

③ 융드립　　　　④ 에스프레소

63 다음은 추출기구에 대한 설명이다. 추출기구의 명칭은 무엇인가?

가정식 에스프레소 커피 추출기구로 끓는 물의 증기압력에 의해 상단으로 물이 올라가는 과정에서 커피 층을 통과하여 커피가 추출되는 원리로 '스토브 탑(Stove−Top)'이라고 부른다.

① 모카포트　　　② 사이폰

③ 에스프레소　　④ 프렌치 프레스

64 신선한 커피를 핸드 드립으로 추출하면 표면이 부풀어오르거나 추출액 표면에 거품이 생기는 이유는 커피에 함유된 어떤 성분에 의한 것일까?

① 유기산　　　　② 탄산가스

③ 지질　　　　　④ 아미노산

65 다음 중 에스프레소 추출속도에 영향을 미치는 요인이 **아닌** 것은?

① 분쇄된 원두의 입자 크기

② 물의 양

③ 분쇄된 원두의 양

④ 탬핑의 강도

정답 59. ① 60. ③ 61. ③ 62. ① 63. ① 64. ②
65. ②

66 추출시간을 짧게 잡아서 만든 농축된 커피로서 커피가 가장 농후하게 나오는 피크 시점 직후에서 추출을 끊어 만든 이탈리아식 커피는?

① 룽고
② 에스프레소
③ 리스트레또
④ 도피오

67 다음 중 향커피에 속하지 <u>않는</u> 것은?

① 헤이즐넛
② 아이리쉬
③ 바닐라 넛 크림
④ 에스프레소

68 커피를 뽑아서 잔에 담아 낼 때, 잔의 세척이 불완전하여 세제가 남아 있을 때 나타날 수 있는 향미의 결함은?

① 흙냄새
② 비린내
③ 누린내
④ 곰팡내

69 커피의 추출방법과 이에 관련되는 보기가 적절하게 연결되지 <u>않은</u> 것은?

① 가압추출법 – 에스프레소
② 여과법 – 핸드 드립
③ 우려내기 – 프렌치 프레스
④ 달임법 – 프렌치 커피

70 이탈리아식의 진한 커피로 회교도들이 즐겨 마셨다고 하며 일본에서는 리치커피라고도 불리는 커피는?

① 비엔나 커피
② 카페로열
③ 카페로망
④ 아이리쉬 커피

71 다음에 설명하는 커피로 맞는 것은?

> 커피 플람베(빙수 얼음과 아이스크림, 콘덴스밀크를 이용한 커피)의 응용으로 어린아이 또는 여성에게 알맞은 메뉴이며 아이스 커피와 아이스크림의 앙상블이 매력적인 여름철 커피이다.

① 커피스노우볼
② 카페로열
③ 카페로망
④ 아이리쉬 커피

72 로부스타 커피(Coffea Canephora)의 원산지로 알려진 나라는?

① 탄자니아
② 콩고
③ 에티오피아
④ 예멘

73 다음에 설명하는 커피로 맞는 것은?

> 남국의 정열적인 무드가 살아 있는 커피로 화이트 럼을 사용하는 것이 특색이다. 사용하는 컵도 대단히 정열적인 느낌을 주는데, 한마디로 자주색의 컵과 진한 밤색의 커피와 노란 레몬의 빛깔이 조화를 뿜어내는 강렬한 이미지의 커피이다.

① 커피스노우볼
② 카페로열
③ 트로피컬 커피
④ 아이리쉬 커피

정답 66. ③ 67. ④ 68. ② 69. ④ 70. ③ 71. ①
72. ② 73. ③

74 다음에 설명하는 커피로 맞는 것은?

> 미국에서는 골드커피, 일본에서는 쿨커피라고 불리는 이 커피는 여름철에 제일 많이 찾는 메뉴로서, 이 커피의 생명은 커피의 쓴맛에 있다.

① 커피 스노우볼 　 ② 아이스커피
③ 트로피컬 커피 　 ④ 아이리쉬 커피

75 원두의 신선도를 저하시키는 요인과 가장 관계가 먼 것은?

① 시간 　 　 ② 탄소
③ 산소 　 　 ④ 온도

76 커피를 많이 마시면 가장 많이 보충해 주어야 할 영양소 및 무기질은?

① 칼슘 　 　 ② 비타민 B
③ 칼륨 　 　 ④ 나트륨

77 다음 중 커피를 담는 기구의 가장 위생적인 세척순서는?

① 찬물 → 비눗물 → 더운물
② 비눗물 → 더운물 → 찬물
③ 비눗물 → 찬물 → 더운물
④ 더운물 → 비눗물 → 찬물

78 커피의 향미를 표현하는 용어 중 커피 원두(Bean)나 가루를 코로 들이마셔서 맡게 되는 향기로서 플로랄(Floral), 스파이시(Spicy) 등으로 표현할 수 있는 용어는?

① Fragrance 　 　 ② After Taste
③ Flavor 　 　 ④ Fruity

79 과테말라에서 생산되는 생두의 상품명 뒤에 붙게 되는 SHB(Strictly Hard Bean) 또는 HB(Hard Bean) 등은 무엇을 의미하나?

① 생두의 재배 방법
② 생두의 결점두 비율
③ 생두의 경작 고도
④ 생두의 성숙 정도

80 다음 성분 중에서 커피 생두(Green Bean)에 가장 많이 함유되어 있는 성분은?

① 단백질 　 　 ② 지질
③ 탄수화물 　 　 ④ 무기질

81 원두를 이용, 우리가 마시는 음료를 만들기 위해서는 배합(blending)을 거친 후 세 가지 공정을 반드시 거쳐야 하는데 그 공정에 속하지 <u>않는</u> 것은?

① 배전(roasting) 　 ② 분쇄(grinding)
③ 제조(making) 　 ④ 추출(brewing)

정답 74. ② 75. ② 76. ① 77. ② 78. ① 79. ③
80. ③ 81. ③

82 두 가지 종류 이상의 커피를 혼합하는 것으로, 궁합이 잘 맞는 커피들끼리 혼합하여 맛과 향의 상승효과를 얻고자 함이 그 목적인 과정을 무엇이라 하는가?

① 배전(roasting)　　② 분쇄(grinding)

③ 배합(blending)　　④ 추출(brewing)

83 사이폰(Siphon) 추출방식이라고도 하면 커피가 만들어지는 과정을 지켜볼 수 있어 시각적 효과가 좋은 커피 추출방법을 무엇이라 하는가?

① 달임법

② 우려내기

③ 모카포트방법

④ 진공식 추출방법

84 과소추출(under extraction)의 원인과 이에 따른 현상에 대한 설명이다. 틀린 것은?

① 너무 굵은 입도의 분쇄커피의 사용

② 적정량보다 적은 양의 커피를 사용

③ 과다추출(over extraction)보다 오랜 크레마의 지속성

④ 기준온도보다 낮은 추출 온도

85 추출압력이 낮은 상태에서 긴 시간 동안 추출된 커피의 특징이다. 틀린 것은?

① 짙은 갈색의 크레마와 하얀점

② 얇은 층의 크레마와 검은띠의 형성

③ 강하고 쓴 신맛

④ 얇은 층의 크레마와 큰 거품 형성

86 머신을 사용하여 추출한 에스프레소를 순수한 물과 비교하였을 때 틀린 것은?

① 굴절률이 증가한다.

② 점도가 낮아진다.

③ pH가 낮아진다.

④ 밀도가 높아진다.

87 생두를 볶아서 분쇄한 커피(ground coffee)로부터, 물을 이용하여 맛과 향을 내는 가용성 성분을 최대한 용해시켜서 뽑아내는 과정을 무엇이라 하는가?

① 배전(roasting)　　② 분쇄(grinding)

③ 배합(blending)　　④ 추출(brewing)

88 다음 크레마의 설명 중 틀린 것은?

① 향기의 발산을 방해한다.

② 바로 로스팅한 신선한 원두에서는 더 두껍게 나타난다.

③ 커피 추출 시 나오는 아교질과 커피 오일의 결합체이다.

④ 크레마는 샷글라스에서 3~4mm 정도 형성되면 아주 좋은 상태이다.

정답 82. ③ 83. ④ 84. ③ 85. ④ 86. ② 87. ④ 88. ①

89 탬핑(Tamping)에 관한 내용 중 틀린 것은?

① Tamping 전 바스켓 내의 커피가 수평이 되도록 하는 작업이다.
② 적절한 압력을 유지하는 훈련이 필요하다.
③ 필터바스켓 내의 커피가 한쪽으로 치우치지 않도록 주의한다.
④ 완벽한 에스프레소의 추출을 위해서 오랜 Tamping 시간이 필요하다.

90 다음 중 커피 추출 시 사용하는 물에 관한 내용이다. 가장 올바른 것은?

① 정수된 물보다는 수돗물을 사용하는 것이 바람직하다.
② 신선하고 좋은 맛이어야 하며 냄새와 불순물이 없어야 한다.
③ 이산화탄소가 남아있지 않은 깨끗한 물이 좋다.
④ 100ppm 이상의 미네랄이 함유되어 있는 물이 좋다.

91 체리 속 생두는 보통 두 개가 서로 마주보고 있다. 이 경우 서로 마주보는 방향은 평평한데 이런 형태의 생두를 무엇이라 하는가?

① 피베리(Peaberry)
② 홀 빈(Whole bean)
③ 플랫 빈(Flat bean)
④ 커플 빈(Couple bean)

92 아라비카 원종에 가장 가까운 품종으로 콩의 모양이 긴 편이며 좋은 향과 신맛을 가지고 있으며 그늘 경작법(Shading)이 필요하며 생산성이 낮은 품종은?

① 문도노보(Mundo-Novo)
② 카투라(Caturra)
③ 타이피카(Typica)
④ 켄트(Kent)

93 로스팅 후 원두의 물리적 변화에 대한 설명 중 옳은 것은?

① 명도값의 증가
② 부피의 증가
③ 수분 함량의 증가
④ 압축 강도의 증가

94 로스팅 단계를 달리한 원두 중에서 L값(명도)이 가장 높은 단계부터 순서대로 올바르게 배열된 것은?

① 미디엄로스트 > 라이트로스트 > 풀시티로스트 > 프렌치로스트
② 라이트로스트 > 미디엄로스트 > 풀시티로스트 > 프렌치로스트
③ 풀시티로스트 > 라이트로스트 > 미디엄로스트 > 프렌치로스트
④ 라이트로스트 > 풀시티로스트 > 미디엄로스트 > 프렌치로스트

정답 89. ④ 90. ② 91. ③ 92. ③ 93. ② 94. ②

95 커피 추출기구 중 일반적으로 분쇄된 원두의 입자가 작은 순서대로 나열한 것으로 옳은 것은?

> ㉠ 사이폰 ㉡ 커피메이커
> ㉢ 퍼컬레이터 ㉣ 이브릭

① ㉠ - ㉡ - ㉢ - ㉣
② ㉣ - ㉡ - ㉠ - ㉢
③ ㉠ - ㉣ - ㉡ - ㉢
④ ㉣ - ㉠ - ㉡ - ㉢

96 댐퍼(Damper) 역할과 관계없는 것은?

① 은피를 배출하는 역할
② 드럼 내부의 열량을 조절하는 역할
③ 드럼 내부의 공기 흐름을 조절하는 역할
④ 흡열과 발열 반응을 조절하는 역할

97 추출이 용이하게 적당량의 분쇄된 커피를 필터홀더에 담는 일련의 과정을 패킹(Packing)이라 하는데 이 과정과 관련이 없는 것은?

① Infusion ② Dosing
③ Tapping ④ Tamping

98 에스프레소 추출 시 추출시간이 50초 이상 걸렸다. 이를 개선하는 방법 중 맞는 것은?

① 커피의 분쇄를 조금 가늘게 조정한다.
② 추출 시 탬핑(Tamping)압력을 강하

게 한다.
③ 모터펌프의 추출압력을 높인다.
④ 사용 원두의 양을 조금 늘린다.

99 원두의 품위 유지를 위한 포장기술이 <u>아닌</u> 것은?

① 탈취형 포장
② 진공 포장
③ 가스흡수제의 이용
④ 가스치환 포장

100 가장 좋은 맛의 에스프레소 커피를 추출하기 위해 적절한 물의 온도는?

① 65 ~ 70℃ ② 75 ~ 80℃
③ 90 ~ 95℃ ④ 95 ~ 100℃

101 우유 스티밍(Steaming) 과정에 대한 설명 중 <u>부적절한</u> 것은?

① 메뉴에 알맞은 만큼의 우유를 사용한다.
② 우유의 최종 온도는 섭씨 65~70℃를 넘기지 않는다.
③ 공기유입을 최대한 많이 하기 위해 스팀피처를 가능한 큰 사이즈로 선택한다.
④ 항상 신선하고 차가운 우유를 사용해야 된다.

101. ③

정답 95. ④ 96. ④ 97. ① 98. ③ 99. ③ 100. ③

102 커피를 분쇄할 때, 분쇄 커피 입자의 크기를 결정하기 위하여 가장 중요하게 고려해야 될 사항은?

① 추출에 걸리는 시간
② 커피의 종류
③ 커피의 볶음도
④ 날씨

103 다음 중 패킹(Packing)의 순서를 올바르게 설명한 것은 어느 것인가?

① 커피 담기 → 탬핑(Tamping) → 필터바스켓 상부 털기 → 면 고르기
② 커피 담기 → 면 고르기 → 탬핑(Tamping) → 필터바스켓 상부 털기
③ 커피 담기 → 면 고르기 → 필터바스켓 상부 털기 → 탬핑(Tamping)
④ 커피 담기 → 필터바스켓 상부 털기 → 탬핑(Tamping) → 면 고르기

104 에스프레소의 추출에서 적갈색 크레마가 나타나기 위한 필수 요건이 <u>아닌</u> 것은?

① 정확한 수평   ② 정확한 커피양
③ 강한 탬핑   ④ 정확한 분쇄도

105 갓 로스팅된 커피에 함유된 가스성분으로 인해 일어나는 현상을 옳게 설명한 것은?

① 산소를 생성한다.
② 음이온을 방출한다.
③ 질소를 생성한다.
④ 향기 성분을 방출한다.

106 탬핑(Tamping)을 하는 가장 중요한 이유는 무엇인가?

① 커피 케이크(Cake)의 고른 밀도를 유지하여 물이 균일하게 통과하기 위해
② 물과 접촉 면적을 확대하기 위하여
③ 두꺼운 크레마를 형성할 목적으로
④ 필터에 커피를 충분히 채우는 것이 중요하므로

107 커피를 추출하기 위해 분쇄작업을 하는 이유로 옳은 것은?

① 짧은 시간에 효율적인 서비스 제공
② 물에 접촉하는 커피의 표면적 확대
③ 커피원가의 절감 목적
④ 커피의 화학적 성분의 분쇄

108 에스프레소 크레마에 대한 설명이다. 틀린 것은?

① 크레마는 에스프레소의 품질을 시각적으로 판단할 수 있는 기준이 된다.
② 크레마는 에스프레소 추출하는데 있어서 가장 중요한 요소이다.
③ 영어로 프리마라는 뜻이다.
④ 크레마는 처음 추출될 때에는 짙은 갈색이다.

정답 102. ① 103. ② 104. ③ 105. ④ 106. ① 107. ② 108. ③

109 에스프레소 머신의 일일 점검사항이 <u>아</u>닌 것은?

① 보일러 압력
② 물의 온도체크
③ 개스킷의 마모상태
④ 분사홀더의 세척상태

110 에스프레소 추출 시 너무 진한 크레마가 추출되었다. 원인이 될 수 <u>없는</u> 것은?

① 펌프압력 기준압력보다 낮은 경우
② 물의 온도가 95도 높은 경우
③ 포터필터의 구멍이 너무 큰 경우
④ 물 공급이 제대로 안되는 경우

111 우리가 알고 있는 커피의 유통기한에 속하지 <u>않는</u> 것은?

① 생산 ~ 건조
② 로스팅 ~ 출고
③ 출고 ~ 소비자
④ 구매자 ~ 사용기간

112 커피의 유통과정 중 선진국일수록 그 기간이 짧은 것은?

① 생산 ~ 건조
② 로스팅 ~ 출고
③ 출고 ~ 소비자
④ 구매자 ~ 사용기간

113 우리나라의 커피 유통기간에 관한 설명이다. 바르지 <u>못한</u> 것은?

① 커피의 유통기간을 제조자가 정한다.
② 1년이나 2년으로 표기하는 경우가 많다.
③ 제조일자에 대한 엄격한 기준 시점이 적용되고 있다.
④ 일반적으로 포장이 완료된 시점을 제조일자로 하고 있다.

114 다음 중 커피는 어디에 속하는 음료인가?

① 기호음료　　　② 영양음료
③ 청량음료　　　④ 유성음료

115 생두의 가운데 골처럼 파인 부분을 무엇이라 하나?

① 과육(Pulp)
② 외피(Outer skin)
③ 파치먼트(Parchment)
④ 센터 컷(Center cut)

116 커피를 로스팅 하는 이유로 타당하지 <u>않</u>은 것은?

① 커피의 맛과 향을 얻기 위하여
② 오래 보관하기 위하여
③ 커피추출을 쉽게 하기 위해서
④ 커피의 독특한 색을 얻기 위해서

정답 109. ③ 110. ② 111. ① 112. ③ 113. ③
114. ① 115. ④ 116. ②

117 커피를 볶을 때 기본적인 세 가지 단계에 속하지 <u>않는</u> 것은?

① 건조(Dry)

② 열분해(Pyrolysis)

③ 냉각(Cooling)

④ 포장(Packing)

118 로스팅의 8단계 분류 중 프렌치로스트 (French roast)에 해당하는 SCAA 구분 명칭은?

① Medium roast

② Moderately dark roast

③ Dark roast

④ Very dark roast

119 지하수를 에스프레소 기계에 직접 연결해 사용하려고 한다. 이때 다음 중 기계에 치명적인 무기질은?

① 철 　　　　② 칼슘

③ 인 　　　　④ 납

01 SCAA에서 사용하고 있는 생두 등급 분류 기준이 <u>아닌</u> 것은?

① Cup Quality　　② 결점생두의 수

③ 생두의 크기　　④ 생두의 무게

02 커피나무의 생육 조건이다. <u>틀린</u> 것은?

① 배수가 잘되고 미네랄이 적당히 함유된 토양이 적절하다.

② 아라비카보다 로부스타종이 기후 환경 적응력이 좋다.

③ Typica종은 저지대에서도 높은 생산성을 유지할 수 있다.

④ 서리와 강한 햇빛차단을 위해 Shade Tree(바나나무)를 심어 생산성에 도움을 준다.

03 [Brazil Santos NO.2, screen 19, strictly soft]에서 screen 19의 의미는?

① 결점두의 혼입량　　② 커피콩의 형태

③ 투명도의 정도　　　④ 커피콩의 크기

04 다음 설명 중 옳은 것은?

① Aged Bean으로 유명한 것으로 인도의 Monsooned Malabar AA가 있다.

② Long-Berry는 기형 생두의 일종이며 열매 속에 생두가 한 개밖에 없다.

③ Pea - Berry는 그해 생산된 생두를 지칭한다.

④ Past Crop은 수확한 지 3년 이상 된 생두를 말한다.

05 로부스타 품종의 특징이 <u>아닌</u> 것은?

① Coffea Robusta Linden이라는 학명을 가지고 있다.

② 나무이 높이가 10m 이상으로 아라비카종과 리베리카종의 중간 성질을 가지고 있다.

③ 세계 각지에 70여 종의 재배 변이종이 분포되어 있다.

④ 병충해에 강하며, 인도네시아 등에 넓게 재배되고 있다.

06 식물학적으로 본 커피에 관한 일반적인 내용이다. 바르게 설명한 것은?

① 커피나무는 꼭두서니과에 속하는 상록수로, 남아메리카 브라질이 원산지이다.

② 커피열매는 길이 15~18mm의 타원형으로 파치먼트라고 불린다.

③ 아라비카종은 평균 3%, 로부스타종은 약 1%의 카페인을 함유하고 있다.

④ 아라비카종의 경우 연평균 강우량 1,500~2,000mm의 규칙적인 비와 충분한 햇볕을 받아야 한다.

07 수세식 공정 순서가 바른 것은?

① 수확 – 선별 – 세척(이물질 분리) – 과육제거 – 파치먼트 선별 – 발효조–수세 – 건조 – 창고
② 수확 – 선별 – 과육제거 – 수조 – 파치먼트 선별 – 발효조–수세 – 건조 – 창고
③ 수확 – 선별 – 과육제거 – 수조 – 발효조 – 파치먼트 선별 – 수세 – 건조 – 창고
④ 수확 – 선별 – 세척(이물질분리) – 과육제거 – 발효조 – 수세 – 건조 – 파치먼트 선별 – 창고

08 커피 생산국과 그에 대한 설명으로 옳은 것은?

① 콜롬비아 – 코나커피로 유명하며, 산토스 항구에서 선적이 이루어져 일명 '산토스'라고도 부른다.
② 브라질 – Cafatero들에 의해 커피가 생산되며, 웰렌포드, 마비스 뱅크라는 농장을 가지고 있다.
③ 과테말라 – 화산재 토양으로 인해 독특한 향미를 가진 커피가 생산된다.
④ 케냐 – 유명한 커피로는 가요 마운틴,

술라웨시 토라자가 있다.

09 여러 가지 추출 방법에 대한 설명으로 틀린 것은?

① 프렌치 프레스 – 저온으로 커피를 추출하는 방식으로 카페인이 용해되기 어렵다.
② 사이폰 – 진공 여과방식으로 추출방법 중 가장 이상적인 향미 성분을 추출하는 방법이다.
③ 모카포트 – 이탈리아 대부분의 가정에서 이용되며 수증기압을 이용해서 추출한다.
④ 핸드 드립 – 드리퍼와 종이필터를 사용하는 추출기구

10 SCAA분류법 중 Specialty Grade의 등급기준에 해당하는 것은?

① 300g 안에 10개 이내의 Full–defects가 있으나 Primary–Defects는 허용되지 않는다.
② 생두의 크기의 50% 이상이 15스크린 이상이어야 한다.
③ 생두의 허용 함수율은 9~13% 이내이다.
④ Body, Flavor, Aroma, Acidity의 네 가지의 특징을 모두 가지고 있어야 한다.

11 다음 연결 중 <u>틀린</u> 것은?

① Romano − lemon

② Shakerrato − shaking

③ Freddo − hot

④ Lungo − long

12 에스프레소 머신의 커피 추출 압력을 만드는 부품은?

① 보일러　　　② 급수펌프

③ 분사필터　　　④ 압력 게이지

13 일반적으로 휘핑기에 사용되는 가스는?

① 탄소　　　② 산소

③ 질소　　　④ 수소

14 다음은 커피장비의 관리 지침이다. 매일 해야 하는 일은?

① 보일러의 압력, 추출압력, 물의온도 체크

② 그라인더 칼날의 마모 상태

③ 연수기의 필터 교환

④ 그룹헤드의 개스킷 교환

15 Take-out형 커피점에서 사용되는 컵 사이즈 중 <u>틀린</u> 것은?

① Short − 8oz

② Tall − 12oz

③ Grande − 16oz

④ Supremo − 24oz

16 Take-out형 커피점에서 사용되는 주문 용어 중 <u>틀린</u> 것은?

① Single − 에스프레소 원샷

② Foamy − 거품 많이

③ With Flavor − 시럽 없이

④ Decaf − 카페인 없는 커피

17 우리의 감각 중 커피 향미의 관능 평가에 쓰이지 <u>않는</u> 감각은?

① 청각　　　② 후각

③ 미각　　　④ 촉각

18 커피의 향미를 평가하는 순서로 가장 적당한 것은?

① 향기, 맛, 촉감

② 색깔, 촉감, 맛

③ 촉감, 맛, 향기

④ 맛, 향기, 촉감

19 커피의 향기와 맛을 표현하는 용어 중에 '플레이버(flavor)'라는 단어는 우리말로 향미라고 번역할 수 있다. 이 단어가 표현하는 느낌은?

① 커피의 향기와 맛

② 커피의 향기

③ 커피의 바디

④ 커피의 맛

20 커피의 향미를 관능적으로 평가할 때 사용되지 <u>않는</u> 감각은?

① 시각　　　　② 후각

③ 미각　　　　④ 촉각

21 머신을 이용하여 Steaming Milk를 만드는 방법이다. <u>틀린</u> 것은?

① 스팀노즐을 깊게 담가 공기의 유입을 최소화한다.

② 차가운 우유를 사용하는 것이 좋다.

③ 거품이 형성되면 노즐을 피처 벽 쪽으로 이동시켜 혼합한다.

④ 우유의 온도가 너무 올라가지 않도록 주의한다.

22 바리스타의 식음료 취급사항이다. <u>틀린</u> 것은?

① 차가운 음료와 음식은 4℃ 또는 더 낮게 보관한다.

② 뜨거운 음료와 음식은 위생을 위해 최대한 뜨겁게 유지한다.

③ 일을 시작하기 전 손을 청결히 한다.

④ 작업공간에는 깨끗한 물수건이 준비되어야 한다.

23 바리스타가 지켜야 할 사항이다. <u>관계없는</u> 것은?

① 에스프레소 추출 후 크레마를 확인하라.

② 필터홀더의 온도 유지에 주의하라.

③ 커피는 항상 신선한 것을 사용하라.

④ 추출공식은 반드시 지켜라.

24 커피의 전체적 향기를 일컫는 부케(Bouquet)를 구성하는 것이 <u>아닌</u> 것은?

① Fragrance　　② Aroma

③ Aftertaste　　④ Body

25 추출에 대한 설명 중 <u>틀린</u> 것은?

① 케이크(분쇄커피 입자의 집합체)를 통한 액체의 흐름이다.

② 추출은 비가용성 물질의 유화 현상이다.

③ 추출에 중력은 관여하지 않는다.

④ 추출은 커피의 가용성 물질 용출 현상이다.

26 에스프레소용 커피의 추출에 관여하는 수학적 인자에 관한 것 중 <u>틀린</u> 것은?

① 커피케익 내부의 온도

② 수리학적 저항치

③ 커피케익 표면과 내부의 압력차

④ 커피케익의 부피

27 그라인더의 칼날 중 Flat cutter의 경우 분쇄 커피의 배출에 관여하는 힘은?

① 중력　　　　② 구심력

③ 밀착력　　　④ 원심력

28 일반적으로 출하되는 생두의 수분함량은?

① 8~9% ② 11~13%

③ 16~18% ④ 5~6%

29 Tamping을 하는 방법이다. **틀린** 것은?

① Tamping 전의 홀더 내의 커피가 수평이 되도록 하는 작업이다.

② 빠른 시간에 이루어질수록 좋다.

③ 홀더 내의 커피가 치우치지 않도록 주의한다.

④ 에스프레소의 추출을 위해서는 반드시 Tamping이 필요하다.

30 에스프레소 머신의 일일 점검사항이 **아닌** 것은?

① 보일러 압력

② 물의 온도 체크

③ 개스킷의 마모상태

④ 분사홀더의 세척상태

31 볶은 커피의 다음 성분들 가운데, 커피를 마신 다음 혀에 남아 있는 커피의 잔류 성분들과 이들로부터 생긴 증기에서 느낄 수 있는 향미를 만들어 내는 요소는?

① 지방질 같은 비용해성 액체와 수용성 고체 물질

② 케톤이나 알데하이드 계통의 휘발성 성분

③ 비휘발성 액체 상태의 유기 성분

④ 커피 추출 후에도 분쇄 커피의 모양을 유지하는 성분인 불용성 경질부분

32 커피 생콩이 가지고 있는 향기는 커피의 품종과 산지의 지역적 특성에 따라 나타나는 그 커피만의 고유 향기라고 할 수 있다. 다음에 예시하는 향기 성분들 가운데 휘발성이 가장 강한 향기는?

① 감귤향기 ② 딸기향기

③ 꽃향기 ④ 허브향기

33 볶은 커피콩에서 느낄 수 있는 향기는 생콩에 있던 향기와, 주로 중약배전의 커피에서 만나게 되는 당의 갈변 반응에 의해서 생성되는 향기, 강배전으로 진행되면서 나타나는 건열반응에 의해서 생성되는 향기로 분류할 수 있다. 다음 향기들 가운데 생콩에는 없던 향기는?

① 캐러멜 향기 ② 꽃향기

③ 딸기향기 ④ 허브향기

34 다음 중 커피의 쓴맛을 내는 성분이 **아닌** 것은?

① 주석산 ② 카페인

③ 트리고넬린 ④ 클로로겐산

35 볶은 커피콩에서 느낄 수 있는 향기는 생콩에 있던 향기와, 주로 중약배전의 커피에서 만나게 되는 당의 갈변 반응에 의해서 생성되는 향기, 강배전으로 진행되면서 나타나는 건열반응에 의해서 생성되는 향기로 분류할 수 있다. 다음 향기들 가운데 중간 정도의 배전(중약, 중간, 중강배전까지를 포함) 시, 즉 갈변반응 시에 주로 나타나는 향기가 <u>아닌</u> 것은?

① 탄냄새(Carbony)

② 고소한 향기(Nutty)

③ 캐러멜 향기(Caramelly)

④ 초콜릿 향기(Chocolaty)

36 볶은 커피콩에서 느낄 수 있는 향기는 생콩에 있던 향기와, 주로 중약배전의 커피에서 만나게 되는 당의 갈변 반응에 의해서 생성되는 향기, 강배전으로 진행되면서 나타나는 건열반응에 의해서 생성되는 향기로 분류할 수 있다. 다음 향기들 가운데 강한 배전 시, 즉 건열반응 시에 주로 나타나는 향기가 <u>아닌</u> 것은?

① 캐러멜 향기(Caramelly)

② 송진향기(Terpeny)

③ 향신료 향기(Spicy)

④ 탄냄새(Carbony)

37 커피의 삼대 품종이 <u>아닌</u> 것은?

① 브라질　　　② 아라비카

③ 로부스타　　④ 리베리카

38 다음 커피의 등급에 관한 단어들 중, 커피의 생산지 정보와 관계가 <u>없는</u> 것은?

① 콩의 크기　　② 품종

③ 가공방법　　④ 생산연도

39 다음 커피의 등급에 관한 단어들 중, 커피의 품질 정보와 관계가 <u>없는</u> 것은?

① 색도　　　　② 향미

③ 결점도　　　④ 품종

40 다음 커피의 향미 특성을 표시하는 단어들 중, 가장 우수한 커피를 나타내는 단어는?

① Very Good　　② Good

③ Satisfactory　　④ Sufficient

41 에스프레소용 커피의 크기에 대한 설명이다. 틀린 것은?

① 흐린 날은 기준보다 조금 굵게 맑은 날은 기준보다 조금 가늘게 갈아 준다.

② 밀가루보다 굵게 설탕보다 가늘게 분쇄하는 것이 일반적 기준이다.

③ 분쇄커피의 굵기는 추출시간과 밀접한 관계가 있다.

④ 일반적으로 그라인더의 숫자는 높을수록 커진다.

42 다음 ( ) 안에 들어갈 내용으로 알맞는 것은?

> 에스프레소, 머신의 경우 일반적으로 압력 조절
> 기의 나사를 ( )으로 돌리면 압력이 낮아지고,
> ( )으로 돌리면 높아진다.

① 왼쪽, 오른쪽　　② 왼쪽, 왼쪽

③ 오른쪽, 오른쪽　　④ 오른쪽, 왼쪽

43 탬핑을 하는 가장 큰 요인은?

① 필터에 커피를 잘 채우기 위해

② 물 통과를 위한 균일한 커피 표면 유
지를 위해

③ 두꺼운 크레마를 얻기 위해

④ 물과의 접촉 면적을 늘리기 위하여

44 바리스타가 추출 기구를 항상 청결하게 유
지해야 할 이유가 <u>아닌</u> 것은?

① 고객에 대한 최소한의 배려

② 보건 위생학적 이유

③ 정확한 그라인딩과 추출을 위해

④ 법적인 이유로

45 다음의 계량단위가 <u>틀린</u> 것은?

① 1oz(ounce) - 29.5ml

② 1lb - 16oz

③ 1ts(티스푼) - 1/5oz

④ 1cc - 1ml

46 식음료 취급사항 중 알맞은 것은?

① 모든 뜨거운 음료는 60℃ 정도에서
보관한다.

② 유제품은 냉장 보관(0~10℃)하고
제조일부터 5일 내에 사용한다.

③ 차가운 음료의 이상적인 온도는
4~7℃에서 보관한다.

④ 냉동고의 온도는 될수록 낮게 하여
보관한다.

47 다음 중 콜롬비아산 생두에 속하지 <u>않는</u> 것은?

① 슈프리모　　② 엑셀소

③ 블루 마운틴　　④ 메델린

48 세계 최고의 습식 커피 생산국은?

① 콜롬비아　　② 브라질

③ 자메이카　　④ 인도네시아

49 다음 중 모카종 커피가 <u>아닌</u> 것은?

① 이르가세페　　② 하라

③ 엑셀소　　④ 시다모

50 에스프레소에 크림을 첨가한 이탈리아 커
피는 무엇인가?

① Caffe correto

② Caffe con panna

③ Caffellatte

④ Caffe ristretto

51 후미(Aftertaste)를 표현할 수 있는 용어가 <u>아닌</u> 것은?

① Carbony   ② Chocolaty
③ Spicy   ④ Herby

52 다음 중 에티오피아산 생두에 속하지 <u>않는</u> 것은?

① 시다모   ② 이르가체프
③ 사나니   ④ 하라르

53 디카페인 커피 제조에 사용되는 방법이 <u>아닌</u> 것은?

① 가스 주입법   ② 물추출법
③ 초임계추출법   ④ 용매추출법

54 다음 중 커피의 등급을 분류하는 기준 중 재배지역의 표고에 의한 분류법이 <u>아닌</u> 것은?

① SHB   ② EGW
③ AA   ④ PW

55 다음 중 성격이 <u>다른</u> 것은?

① Ristretto   ② Caffe latte
③ Lungo   ④ Doppio

56 로부스타 커피(Coffea Canephora)의 원산지로 알려진 나라는?

① 콩고   ② 탄자니아
③ 에티오피아   ④ 예멘

57 에스프레소 머신의 증기 압력을 만드는 부품은?

① 급수펌프   ② 보일러
③ 분사필터   ④ 압력 게이지

58 에스프레소 추출에 대한 동작이다. <u>틀린</u> 것은?

① 최대한 빠른 시간에 추출을 완료한다.
② 컵은 항상 데워진 상태로 사용한다.
③ 포터필터 장착 후 반드시 컵을 내리고 추출버튼을 누른다.
④ 포터필터 장착 전 물흘리기를 반드시 해야되는 것은 아니다.

59 다음은 커피장비의 관리 지침이다. 월간 확인 사항은?

① 필터 및 개스킷의 마모상태
② 보일러의 압력
③ 물의 온도 체크
④ 분사홀더 및 필터의 청소

60 다음 중 배전과정에서 가장 변화가 <u>적은</u> 것은?

① 수분   ② 당분
③ 부피   ④ 카페인

01 카페라떼와 카푸치노는 어떻게 다른가, 아래 예문 중 잘못된 것은?

① 카페라떼는 커피와 데운 우유로 만든 음료이고, 카푸치노는 데운 우유와 거품우유를 함께 올린 음료이다.

② 카페라떼에도 거품을 올리기도 하는데, 이때 거품은 전체의 1/4을 넘지 않도록 한다.

③ 더블라떼라고 하는 것은 우유의 양은 그대로 하되, 투샷의 커피를 사용해서 만든 음료이다.

④ 카푸치노에는 반드시 계피가루를 올려야 된다.

02 커피 카페인이 인체에 미치는 영향 중 잘못된 것은?

① 불면증을 치료한다.

② 소화력을 돕는다.

③ 이뇨작용을 한다.

④ 지구력을 증강시킨다.

03 다음 중 홀빈(Whole Bean)에 해당하는 것은?

① 커피나무의 열매

② 씨앗을 박피한 것

③ 생두를 볶은 것

④ 원두를 분쇄한 것

04 세계적으로 커피존(Coffee Zone) 혹은 커피벨트(Coffee Belt)라고 부르는 지역은?

① 남위 30°~ 북위 30°

② 남위 25°~ 북위 25°

③ 남위 20°~ 북위 25°

④ 남위 25°~ 북위 20°

05 프렌치 로스팅(French Roasting)의 특징 중 잘못된 것은?

① 베리에이션 에스프레소 커피음료에 적합

② 전통적인 에스프레소용 커피

③ 쓴맛이 강조된 단맛의 조화

④ 신맛이 강하고 풍부한 맛이 적음

06 에스프레소 커피(Espresso Coffee)를 추출하기 위한 알맞은 물의 온도는?

① 99℃~100℃ ② 96℃~98℃

③ 92℃~96℃ ④ 88℃~92℃

07 모카(Mocha)가 가지고 있는 의미가 아닌 것은?

① 예멘(Yemen)의 홍해 남단에 있는 무역항이다.

② 예멘과 에티오피아의 최상급 커피를 '모카(Mocha)'라고 부른다.

③ 초콜릿을 모카(Mocha)라고 불렀다.

④ 모카는 아프리카에서 생산되는 커피이다.

08 다음 중 커피 생산국가가 <u>아닌</u> 나라는?

① 멕시코
② 에콰도르
③ 중국
④ 일본

09 다음 중 로부스타(Robusta) 커피의 설명 중 <u>잘못된</u> 것은?

① 천연 상태에서 로부스타는 10M 높이까지 자랄 수 있다.

② 로부스타의 열매는 주로 열등한 품질의 커피로 취급된다.

③ 카페인이 많이 들어 있어서 대부분 하급 원두나 인스턴트 커피로 제조된다.

④ 주로 케냐에서 많이 재배된다.

10 다음 중 쓴맛이 가장 강한 배전도는?

① 이탈리안(Italian)
② 시나몬(Cinnamon)
③ 시티(City)
④ 하이(High)

11 볶은 커피에서 느낄 수 있는 향기는, 휘발성 유기화합물들의 휘발성의 차이에 따라 아래의 네 가지로 분류할 수 있다. 이 중에서 가장 뒤에 느껴지는 특성은?

① 뒷맛 aftertaste
② 기체향기 dry aroma(볶은 커피 향기)
③ 증기향기 cup aroma(추출 커피 향기)
④ 입속향기 nose(마시면서 느끼는 향기)

12 볶은 커피에서 느낄 수 있는 향기는, 휘발성 유기화합물들의 휘발성의 차이에 따라 아래의 네 가지로 분류할 수 있다. 이 중에서 가장 먼저 느껴지는 특성은?

① 증기향기 – cup aroma(추출 커피 향기)
② 뒷맛 – aftertaste
③ 기체향기 – dry aroma(볶은 커피 향기)
④ 입속향기 – nose(마시면서 느끼는 향기)

13 볶은 커피에서 느낄 수 있는 향기는, 휘발성 유기화합물들의 휘발성의 차이에 따라 아래의 네 가지로 분류할 수 있다. 이 중에서 마시기 직전의 커피(잔커피)로부터 느낄 수 있는 특성은?

① 증기향기 – cup aroma(추출 커피 향기)
② 기체향기 – dry aroma(볶은 커피 향기)
③ 뒷맛 – aftertaste
④ 입속향기 – nose(마시면서 느끼는 향기)

14 다음 중 커피의 기본맛이 <u>아닌</u> 것은?

① 쓴맛   ② 단맛

③ 신맛   ④ 떫은 맛

15 바디(body)라는 말은 입 안에서 무엇인가 스치는 듯 느껴지는 촉감을 말하며, 섬유질과 지방질 등 불용성 성분들이 바디를 형성하는 중요한 원인물질들이라 할 수 있다. 아래 단어들 가운데 바디의 의미를 표현하기에 적절치 <u>못한</u> 말은?

① 양질감   ② 점도

③ 중후함   ④ 풍성함

16 커피 생콩에는 탄수화물을 비롯하여 단백질, 지방, 카페인 외에 각종 산성 성분들이 포함되어 있다. 이들 성분들 가운데 가장 많은 비중을 차지하는 성분은?

① 탄수화물   ② 지방

③ 단백질   ④ 카페인

17 커피 생콩에는 탄수화물을 비롯하여 단백질, 지방, 카페인 외에 각종 산성 성분들이 포함되어 있다가, 이를 볶으면 가공 정도나 가공 방식에 따라 나름대로의 다양한 맛과 향기를 낸다. 이들 가운데 볶는 정도에 따라 강하게 볶을수록 비중이 커지는 성분은?

① 카페인   ② 탄수화물

③ 지방   ④ 단백질

18 볶은 커피의 다음 성분들 가운데 커피의 맛과 향기에 영향을 미치지 <u>않는</u> 성분은?

① 커피 추출 후에도 분쇄 커피의 모양을 유지하는 성분인 불용성 경질부분

② 비휘발성 액체 상태의 유기 성분

③ 지방질 같은 비용해성 액체와 수용성 고체 물질

④ 케톤이나 알데하이드 계통의 휘발성 성분

19 볶은 커피의 다음 성분들 가운데, 마시기 전 커피의 향기를 느끼게 하는 성분은?

① 케톤이나 알데하이드 계통의 휘발성 성분

② 비휘발성 액체 상태의 유기 성분

③ 지방질 같은 비용해성 액체와 수용성 고체 물질

④ 커피 추출 후에도 분쇄 커피의 모양을 유지하는 성분인 불용성 경질부분

20 볶은 커피의 다음 성분들 가운데, 커피를 마시는 순간 커피 추출액의 표면에서 생긴 증기에 의해 입속에서 느껴지는 향기의 주된 성분은?

① 비휘발성 액체 상태의 유기 성분

② 케톤이나 알데하이드 계통의 휘발성 성분

③ 지방질 같은 비용해성 액체와 수용성 고체 물질

④ 커피 추출 후에도 분쇄 커피의 모양을 유지하는 성분인 불용성 경질부분

21 영어로 fragrance는 향기라고 번역할 수 있는데, 이것은 아래에 예시한 향기의 분류 중 어느 종류에 속하는가?

① 볶은 콩 향기　② 뽑은 콩 향기
③ 입속 커피향　④ 잔류 커피향

22 다음 냄새에 대한 원칙이다. 틀린 것은?

① 냄새는 기체 상태로만 느낄 수 있다.
② 향기에 대한 판단은 일반적으로 경험이나 훈련에 의해 쌓인 기억에 의존한다.
③ 커피의 향기는 원인요소에 따른 특징과 분자량에 따른 특징에 의한 이중 구조로 파악할 수 있다.
④ 분자량에 따른 특징은 일반적으로 분자값이 작을수록 날카롭고 거칠게 느껴진다.

23 다음 향기의 강도를 표현하는 영어 용어 중 맞는 것은?

① flat : 풍성하다. 풍부하고 강하다는 의미
② full : 풍부하다. 다양한 경우. 농도가 중요한 것은 아니다.
③ rich : 무난하다. 강하지도 다양하지도 않다.

④ rounded : 빈약하다, 약하다. 이도 저도 부족한 경우.

24 커피에 원래부터 있던 향기로, 효소에 의해서 형성된 향기 성분들은 휘발성이 매우 강하다. 이것은 다음 중 어떤 향기들인가?

① 꽃향기, 과일 향기 등
② 고소한 향기, 땅콩 향기 등
③ 캐러멜 향기, 초콜릿 향기 등
④ 송진 향기, 향신료 향기 등

25 다음 중 에스프레소를 추출할 때 패킹 과정 이전에 해야 될 동작이 <u>아닌</u> 것은?

① 잔 데우기
② 커피 분쇄
③ 필터바스켓의 건조
④ 태핑

26 다음 중 패킹(packing)의 순서로 올바른 것은?

① 커피 담기 → 면고르기(태핑) → 필터바스켓 상부 털기 → 커피 고정(탬핑)
② 커피 담기 → 커피 고정(탬핑) → 필터바스켓 상부 털기 → 면 고르기(태핑)
③ 커피 담기 → 면 고르기(태핑) → 커피 고정(탬핑) → 필터바스켓 상부 털기
④ 커피 담기 → 필터바스켓 상부 털기 → 커피 고정(탬핑) → 면 고르기(태핑)

27 다음 중 에스프레소 평가 기준으로 옳은 것은?

① 적절한 커피의 양, 크레마의 두께와 지속성, 크레마의 색깔, 향기의 질과 강약, 맛의 균형감

② 적절한 커피의 양, 전체의 1/3 이상의 크레마, 크레마의 색깔, 향기의 질과 강약, 맛의 강렬함

③ 적절한 커피의 양, 전체의 1/3 이상의 크레마, 크레마의 색깔, 톡 쏘는 강한 향기, 맛의 균형감

④ 적절한 커피의 양, 크레마의 두께와 지속성, 크레마의 색깔, 향기의 질과 강약, 맛의 강렬함

28 다음 예문 가운데 가장 모범적인 에스프레소 추출의 모습은?

① 처음엔 천천히 똑똑 떨어지다가 나중엔 가늘고 고르게 나오면서 28초 만에 22ml가 추출되었다.

② 처음부터 끝까지 고른 두께로 가늘게 나오면서 25초만에 25ml 정도 추출되었다.

③ 조금 굵은 줄기로 나오면서 8초 만에 추출이 끝났는데 거품이 1/2 이상으로 풍성하게 나왔다.

④ 처음부터 끝까지 고른 두께로 가늘게 나오면서 35초만에 30ml 정도 추출되었다.

29 다음 예문 가운데 가장 모범적으로 추출된 에스프레소의 모습은?

① 30ml 정도 되는 커피에 약간 붉은 빛이 도는 고운 황금색 크레마가 고르게 덮여 있으면서 크레마의 중앙에 하얀 무늬가 1/3 정도 나타나 있다.

② 25ml 정도 되는 커피에 은은한 붉은 빛이 도는 고운 황금색 크레마가 전체 추출액의 1/7 정도 덮여 있다.

③ 30ml 정도 되는 커피에 검은 테두리가 엷게 깔린 황금색 크레마가 전체 추출액의 1/7 정도 덮여 있다.

④ 25ml 정도 되는 커피에 바깥쪽으로는 검은 테두리가 얇게 둘러싸고 있고 안으로는 하얀 무늬가 크레마 표면의 1/3 정도를 덮고 있다.

30 에스프레소의 추출 액량을 결정할 때 가장 중요하게 고려해야 될 요소는?

① 머신의 컨디션　　② 커피잔의 크기
③ 커피의 상태　　　④ 메뉴의 성격

31 다음 단어들 중에서 커피의 질을 종합적으로 평가하는 기준 단어가 <u>아닌</u> 것은?

① IOC　　　　　② UGQ
③ FAQ　　　　　④ SHB

32 커피를 수확한 후 건조 과정에서 환경이 나쁘면 생커피의 효소가 당분을 식초산으로 분해한다. 이때 나타나는 향미의 결함은?

① 발효 냄새   ② 흙 냄새

③ 누린내   ④ 곰팡이 냄새

33 커피를 볶을 때 너무 빨리 볶으면 나타나는 결함으로, 캐러멜 화합물이 충분히 생성되지 않으면서 커피콩의 표면이 부분적으로 타면서 생기는 결함은?

① 기름 냄새(hidy)

② 강한 탄내(scorched)

③ 탄냄새(tarry)

④ 나무 맛(woody)

34 커피 추출액에서 소독내가 심하게 나는 맛의 결함으로, 커피열매가 나무에 달린 채 건조가 진행되어 미생물과 효소가 커피열매에 작용하여 생기는 향미의 결함은? (이런 결함은 브라질의 자연건조 아라비카콩에서 주로 나타난다.)

① 요오드 향(rioy)

② 기름 냄새(hidy)

③ 풀냄새(grassy)

④ 나무 맛(woody)

35 커피를 뽑을 때, 염소가 섞인 수돗물로 추출하였을 때 나타날 수 있는 향미의 결함은?

① 곰팡이 냄새   ② 흙 냄새

③ 누린내   ④ 발효 냄새

36 추출한 커피를 오래 가열하면서 보관했을 때 커피콩의 단백질 성분이 변화하면서 나타나는 맛의 결함은?

① 탄냄새(tarry)

② 기름 냄새(hidy)

③ 강한 탄내(scorched)

④ 나무 맛(woody)

37 커피를 뽑아서 잔에 담아 낼 때, 잔의 세척이 불완전하여 세제가 남아 있을 때 나타날 수 있는 향미의 결함은?

① 비린내   ② 흙 냄새

③ 누린내   ④ 곰팡이 냄새

38 커피열매가 나무에 달린 채 건조되었을 때, 효소가 작용하여 나타날 수 있는 향미의 결함이라고 볼 수 있는 것은?

① 나무 맛(woody)

② 기름 냄새(hidy)

③ 풀냄새(grassy)

④ 고무 냄새(rubbery)

39 장기 저장한 생커피가 수년 간의 숙성과정을 거치면서 유기화합물이 소실되어 나타나는 맛의 결함은?

① 풀냄새(grassy)

② 요오드 향(rioy)

③ 나무 맛(woody)

④ 고무 냄새(rubbery)

② 풀시티 로스팅

③ 프렌치 로스팅

④ 이탈리안 로스팅

40 커피를 볶을 때 너무 짧게 볶아서, 당과 탄소화합물이 정상적으로 생성되지 않았을 때 나타나는 맛의 결함은?

① 누린내(baked)

② 풋내(green)

③ 강한 탄내(scorched)

④ 고무 냄새(rubbery)

41 에스프레소 추출 시 너무 진한 크레마 (Dark Crema)가 추출되었다. 해결책이 될 수 <u>없는</u> 것은?

① 보일러 압력을 내린다.

② 펌프압력을 올린다.

③ 분사필터를 청소하고 점검한다.

④ 탬핑을 강하게 한다.

42 추출시간을 짧게 잡아서 만든 농축된 커피로서 가장 농후하게 나오는 피크시점 직후에서 추출을 끊어 만든 이탈리아식 커피는?

① 룽고   ② 에스프레소

③ 리스트레또   ④ 도피오

43 배전의 단계 중 크림을 가미하여 마시는 유럽스타일 커피에 어울리며 에스프레소 커피용의 표준이 되는 배전 단계는?

① 미디엄 로스팅

44 한 잔의 에스프레소를 기준으로 다음 중 <u>틀린</u> 것은?

① 분쇄된 커피의 양 : 6.5±1.5g

② 물의 온도 : 70℃±5℃

③ 추출 압력 : 9±1bar

④ 25±5second

45 커피 생두 생산국 중 가장 많은 물량을 생산하는 나라는?

① 브라질   ② 콜롬비아

③ 인도네시아   ④ 자메이카

46 다음 ( ) 안에 들어갈 내용으로 알맞은 것은?

> 커피콩의 등급 분류 중 specialty coffee라 (NYBT)함은 생두( )g 중 결점수 ( )이하인 커피를 말한다.

① 300, 5   ② 300, 86

③ 500, 5   ④ 500, 86

47 커피 생두의 평가기준 중 <u>틀린</u> 것은?

① 결점수가 적은 커피가 좋은 커피이다.

② 커피콩의 크기는 클수록 좋다.

③ 외기 온도가 생두에 직접 전달되지 않도록 한 것이 좋다.

④ 배수가 잘되고 유기질이 적당한 토양에서 생산된 생두가 좋다.

48 분쇄되는 커피의 품질을 결정하는 요소가 <u>아닌</u> 것은?

① 배전 등급
② 배전두의 수분 함유량
③ 분쇄기 칼날의 간격
④ 분쇄기의 회전수

49 커피를 추출하는 기구 중 원두를 가장 크게 분쇄하는 기구는?

① 에스프레소 머신　② 모카포트
③ 이브릭　　　　　④ 프렌치 프레스

50 추출에 대한 설명 중 틀린 것은?

① 케이크(분쇄커피 입자의 집합체)를 통한 액체의 흐름이다.
② 입자간 액체 투과 현상도 일어난다.
③ 입자간 내부 확산을 통한 용출이다.
④ 추출은 커피의 가용성 물질 용출 현상이다.

51 터키사람들이 커피를 끓여 마시는 커피도구를 무엇이라고 하는가?

① Kopel　　　　② Fench Press
③ Ibrik　　　　④ Siphon

52 에스프레소 추출 시 추출액 위에 덮이는 황금색 거품으로 커피의 아교질과 지방질 성분 때문에 나타나는 현상을 무엇이라고 하는가?

① 데미타스　　　② 크레마
③ 리스트레또　　④ 라떼아트

53 커피 맛의 평가기준 중 하나로 입안에서 느껴지는 커피 맛의 무게감과 농도에 대한 용어는?

① Flavor　　　　② Acidity
③ After Taste　　④ Body

54 카페인을 제거하는 디카페인 커피에 대한 설명 중 <u>틀린</u> 것은 ?

① 카페인을 제거하는 방식은 일반적으로 스위스 워터, 압축 이산화탄소 방법을 사용한다.
② 가공하는 과정에서 약간의 커피 향 부분이 소실된다.
③ 스위스 워터 방법으로 만들어진 커피에는 SWP로 표기한다.
④ 카페인 제거는 100% 이루어진다.

55 로스팅 후 일반적으로 커피를 가장 맛있게 즐길 수 있는 기간은?

① 로스팅 직후
② 로스팅 후 7일 정도
③ 로스팅 후 1개월 정도

④ 로스팅 후 3개월 정도

56 다음 커피기구 중 진공여과방식을 사용하는 추출기구는?

① 드립　　　　　② 모카포트
③ 사이폰　　　　④ 커피메이커

57 우유거품을 만드는 작업을 표현하는 용어는?

① 스티밍　　　　② 스토퍼
③ 에칭　　　　　④ 베리에이션

58 습식법은 열매를 물속에서 발효시켜 각질과 펄프를 제거한 후 다시 건조시켜서 껍질을 벗겨내는 과정이며, 이 과정을 통해 질이 좋은 '세척커피'를 얻을 수 있는데 세계 최고의 습식 커피를 생산하는 국가는?

① 브라질　　　　② 케냐
③ 과테말라　　　④ 콜롬비아

59 커피 전문점 운영 시 매출액과 그 매출을 위해 소요된 모든 비용이 일치되는 점으로서, 투입된 비용을 완전히 회수할 수 있는 판매량이 얼마인가를 나타내어 주는 것을 무엇이라고 하는가?

① 목표매출액　　② 고정비용
③ 변동비용　　　④ 손익분기점

60 커피전문점 인테리어 계획 시 필요한 공간을 판단하여 공간별 규모를 측정하여 공간배치를 하는 것을 무엇이라고 하는가?

① 인테리어　　　② 조닝
③ 마감디자인　　④ 익스테리어

01 볶은 콩에서 가장 많이 발생하는 가스의 주성분은 무엇인가?

① 질소가스   ② 탄산가스
③ 산소   ④ 일산화탄소

02 다음 중 커피등급(품질) 구분에서 혼입물(混入物)의 결점수가 가장 큰 것은?

① 흑 두   ② 사 두
③ 큰 돌   ④ 조개 두

03 생두를 배전할 때 생기는 일반적인 현상이 아닌 것은?

① 부피의 증가   ② 수분의 감소
③ 중량의 감소   ④ 향기의 감소

04 아래의 보기 중 쓴맛을 가지고 있는 것은?

① 사과산   ② 주석산
③ 카페인   ④ 구연산

05 볶은 콩의 보관방법에서 산패하는 원인과 상관없는 것은?

① 온도   ② 기간
③ 산소   ④ 커피의 양

06 커피의 포장방법에서 가장 오래 동안 보관할 수 있는 포장법은?

① 진공 포장   ② 질소가압 포장
③ 밸브 포장   ④ 지퍼 백

07 커피 추출방법 중 게츠배 보통 이브리크를 이용해서 먹는 나라는?

① 이라크   ② 일본
③ 터키   ④ 베트남

08 수프리모라 불리우는 커피의 생산 국가는?

① 멕시코   ② 자마이카
③ 콜롬비아   ④ 하와이

09 커피 생콩(뉴크롭)의 일반 수분함량은?

① 6%   ② 8%
③ 10%   ④ 12%

10 아프리카계 커피생산지가 아닌 곳은?

① 에티오피아   ② 탄자니아
③ 케냐   ④ 자메이카

11 커피의 신선도를 저해하는 요인 중 가장 관계가 적은 것은?

① 산소   ② 햇빛

③ 불순물 　　　　④ 수분

12 아라비카 품종의 생육조건으로 <u>부적합한</u> 것은?

① 연평균 기온이 20℃정도이고, 연 강수량은 1,500~1,600mm 범위이다.
② 유기질이 풍부한 화산성 토양이 적당하다.
③ 동쪽이나 동남쪽 방향으로 약간의 경사가 있는 곳이 적당하다.
④ 저위도 지역이나, 고위도 지역이나 지표가 높을수록 최적지이다.

13 Parchment(파치먼트)에 대한 올바른 설명은?

① 커피 과실에서 외피와 과육을 제거한 상태를 말한다.
② 커피 생콩에 점질물 성분이 남아 있는 상태를 말한다.
③ 발효 종료 후, 수세(水洗)하여 내과피(內果皮)가 남아 있는 상태를 말한다.
④ 건조까지 마치고 탈곡기에서 마쇄(磨碎)하여 얻어진 생콩의 상태를 말한다.

14 커피생콩을 장기 저장하였을 경우 콩의 색, 풍미 및 지질의 산기가 변화되는 현상 중 <u>틀린</u> 설명은?

① 커피생콩에 함유된 지질의 산기는 증가된다.
② 커피생콩의 색은 황색 내지 갈색에서 녹청색으로 변화된다.
③ 커피생콩의 산기의 변화는 lipase에 의한 지질의 가수분해 때문이다.
④ 커피생콩의 색, 풍미 및 산기의 변화는 저장조건과 밀접하다.

15 커피의 쓴맛을 부여하는 알칼로이드 물질은?

① Theobromine(테오브로민)
② Naringenin(나린제린)
③ Caffeine(카페인)
④ Citric Acid(시트르산)

16 신선한 커피를 추출할 때 표면이 부풀어오르거나 거품이 생기는 이유는 커피에 함유된 어떤 성분에 의한 것인가?

① 유기산 　　　　② 탄산가스
③ 아미노산 　　　④ 당질

17 커피에 우유 크림을 첨가했을 때 액체 표면에 작은 형태의 털 조각이 떠다니는 듯한 응고 현상이 일어나는 것을 우모현상(feathering)이라고 한다. 이 현상을 일으키는 우유의 성분은?

① 무기질 　　　　② 유당
③ 카제인 　　　　④ 비타민

18 다음은 브라질에서 사용되고 있는 생두의 향미 평가 등급이다. 이 중에서 가장 우수한 향미를 나타내는 등급은?

① rio
② hard
③ strictly soft
④ soft

19 다음 설명에 해당되는 커피 생산지는 어느 국가인가?

"에티오피아와 국경을 접하고 있으며, 커피콩의 품질 관리가 뛰어나서 고급 아라비카 커피를 수출한다. 커피콩이 크고, 아름다운 청록색이며, 물세척법으로 가공한다. 신맛이 강하고 향기가 풍부하며 과실향과 꽃향기가 난다. 품질등급은 AA, AB, C로 나뉜다. 영화 '아웃 오브 아프리카'의 무대이기도 하다."

① 케냐
② 예멘
③ 탄자니아
④ 콜롬비아

20 로스팅에 대한 설명 중 틀린 것은?

① 로스팅은 생두를 선택하여 볶는 일련의 과정을 지칭하는 말로서 볶는 방식에 따라 직화식, 반열풍식, 열풍식으로 크게 나눌 수 있다.
② 로스팅을 마친 후 즉시 공기나 물을 이용해 가능한 빨리 냉각을 시켜주어야 한다.
③ 로스팅 과정 중 생두표면에 묻어 있던 은피는 열분해가 일어나면서 분리된다.
④ 로스팅 과정 중 생두는 화학적인 반응을 일으키는데 로스팅 초기에는 발열반응이 나타나며 점차 로스팅이 진행되면서 흡열반응이 순차적으로 진행된다.

21 일반적인 에스프레소 머신에서, 중강배전(풀시티로스트)의 커피를 대상으로 설정하는 물의 온도가 섭씨 92도라면, 다음 예문 중에서 추출물 온도의 적절한 조절 원칙은?

① 중강배전보다 약하게 볶아진 커피라면 일반적으로는 온도를 약간 높게 설정해주는 것이 좋다.
② 중강배전보다 약하게 볶아진 커피라면 일반적으로는 온도도 약간 낮게 설정해주는 것이 좋다.
③ 중강배전보다 강하게 볶아진 커피라면 일반적으로는 온도도 약간 높게 설정해주는 것이 좋다.
④ 에스프레소 추출은 배전도에 상관없이 일정한 온도로 설정해야 된다.

22 에스프레소 추출에서 추출 시간이 길어지면 맛은 어떻게 변화되는가?

① 쓴맛이 강해진다.
② 단맛이 강해진다.
③ 짠맛이 강해진다.
④ 바디가 풍부해진다.

23 에스프레소 머신 가운데 전추출(pre-infusion) 기능이 있는 경우와 없는 경우 추출액의 맛은 어떻게 차이가 나는가?

① 보통은 별 차이가 없다.

② 일반적으로 초기 추출액에서 맛의 차이가 크다.

③ 커피의 상태나 추출량에 상관없이 이러한 기능을 적용하는 것이 강렬한 맛을 낸다.

④ 전추출 기능이 있는 경우의 추출액은 약간 묽게 나오기는 하지만 부드러운 맛을 가진다.

24 에스프레소를 추출하였을 때 잔 속에 지나치게 가루가 많이 나왔다. 그 원인으로 가장 적합한 것은?

① 탬핑이 너무 강한 경우

② 태핑이 과도한 경우

③ 사용한 분쇄커피가 오래된 경우

④ 분쇄입자가 너무 굵은 경우

25 에스프레소 필터바스켓의 깊이와 추출에 관한 다음 설명 중 옳은 것은?

① 필터바스켓의 깊이는 맛에 영향을 미치지 않는다.

② 필터바스켓은 깊이가 깊을수록 정확한 작업도 쉽고 사용하는 커피의 양에 적절한 좋은 맛을 내기도 쉽다.

③ 필터바스켓은 깊이가 깊을수록 정확한 작업은 쉽지만 사용하는 커피의 양과 비례하여 좋은 맛을 내기는 어렵다.

④ 필터바스켓의 깊이가 깊으면 정확한 작업도 어렵지만 사용하는 커피의 양과 비례하여 좋은 맛을 내기도 어렵다.

26 에스프레소 커피의 추출 시간과 가장 밀접한 관계에 있는 조건은?

① 분쇄도   ② 추출 온도

③ 커피의 볶음도   ④ 태핑 강도

27 에스프레소 머신의 필터바스켓의 바닥 면적에 관한 다음 설명 중 옳은 것은?

① 필터바스켓의 면적은 맛에 영향을 미치지 않는다.

② 필터바스켓은 면적이 넓을수록 정확한 작업도 쉽고 좋은 맛을 내기도 쉽다.

③ 필터바스켓은 면적이 좁을수록 정확한 작업도 쉽고 좋은 맛을 내기도 쉽다.

④ 필터바스켓은 면적이 넓을수록 정확한 작업은 어렵지만 좋은 맛을 내기는 쉽다.

28 다음 중 가장 많은 양의 커피가 추출되는 메뉴는?

① 리스트레또

② 에스프레소 솔로

③ 도피오

④ 에스프레소 룽고

29 다음 중 분류 기준이 다른 세 가지와 <u>다른</u> 것은?

① 피베리 　　　　② 뉴 크롭

③ 패스트 크롭 　　④ 올드 크롭

30 커피를 볶을 때 기본적인 세 가지 단계에 속하지 <u>않는</u> 것은?

① 건조 　　　　　② 열분해

③ 냉각 　　　　　④ 포장

31 일반적인 커피에 관련된 내용들이다. 설명이 <u>부적합한</u> 것은?

① 로스팅이란 생두에 열을 가하여 물리·화학적 변화를 통해 향미 요소를 발현시키는 과정이다.

② 추출이란 물을 이용하여 분쇄된 원두에서 여러 향미성분을 뽑아내는 과정이다.

③ 커핑이란 커피에 대한 관능검사를 의미한다.

④ 좋은 맛의 커피를 만들기 위해선 배전의 단계는 그다지 중요하지 않다.

32 케냐, 탄자니아 등지에서 자주 발견되는 것으로 한 열매에 가공될 수 있는 씨앗이 단 하나씩만 발견되어 일종 기형 생두라 불리우는 것은?

① Flat-bean 　　② Pea-berry

③ Long-berry 　　④ Dried-cherry

33 커피의 3대 원종 중 인스턴트 커피제조용으로 많이 이용되고 있는 품종은 무엇인가?

① Coffee arabica linne

② Liberica

③ Coffee canephora

④ Coffee stenophylla

34 브라질의 자연 건조 아라비카콩에서 주로 나타나며, 커피열매가 나무에 달린 채 건조가 진행되는 과정에 효소가 열매에 작용하여 추출 후 소독내가 심하게 나는 향미의 결함은?

① 풀냄새(grassy)

② 기름 냄새(hidy)

③ 요오드 향(rioy)

④ 나무 맛(woody)

35 커핑 시 이용되는 용어들이다. <u>부적합한</u> 설명은?

① Taste - 혀로 느낄 수 있는 커피의 단맛, 신맛 및 쓴맛

② Aroma - 후각으로 느낄 수 있는 커피에서 증발되는 냄새

③ Flavor - 입속에 커피를 머금었을 때 후각과 입속에 느껴지는 맛과 향

④ Aftertaste - 커피가 입 안에 있을 때 지속적으로 느낄 수 있는 커피의 감도는 맛

36 다음은 로스팅할 때 나타나는 변화를 설명한 것이다. **잘못된** 것은?

① 당분이 증가한다.
② 커피콩의 수분 함량이 줄어든다.
③ 부피가 증가한다.
④ 쓴맛이 증가한다.

37 에스프레소 한 잔을 뽑을 때 과소추출(Under extraction)의 원인이 <u>아닌</u> 것은?

① 기준량보다 원두량이 적을 때
② 탬핑이 약할 때
③ 분쇄 입자가 매우 작을 때
④ 분쇄 입자가 클 때

38 일반적인 에스프레소에 대한 설명이다. **부적절한** 것은?

① 에스프레소란 다양한 추출 방식 중의 하나이다.
② 패킹, 탬핑, 분쇄 입자의 유기적인 조절로 커피의 향미를 컨트롤 할 수 있다.
③ 강배전된 원두를 이용하고 20~30초 동안 1oz를 추출한다.
④ 50kg의 기계적인 압력으로 커피를 다진다.

39 커피의 산패 대한 설명 중 바른 것은?

① 커피가 공기 중에 산소와 결합하여 맛과 향이 변화하는 것을 말한다.

② 산패를 막기 위해선 원두를 냉장고에 보관하고, 분쇄 후 즉시 추출하는 것이 좋다.
③ 강배전된 원두는 약배전된 원두보다 서서히 산화된다.
④ 멜라노이딘이 형성되면서 진행되는 과정이다.

40 디카페인 공정 중 '물 추출법'의 장점이 <u>아닌</u> 것은?

① 수증기 증류에 의해 용매를 제거하지 않아 경제적이다.
② 카페인의 97~99%가 제거된다.
③ 추출속도가 빠르기 때문에 카페인 순도가 높다.
④ 유기용매가 직접 생두에 접촉하지 않아 안전하다.

41 커피콩의 건열 반응(Dry Distillation)에 의하여 생성된 향기 성분이 <u>아닌</u> 것은?

① 바닐라 향기(Vanila-like)
② 향신료 향기(Spicy)
③ 탄냄새(Carbony)
④ 송진 향기(Terpeny)

42 커피콩을 배전하면 당의 갈변화(caramelization)가 일어나 향기 성분이 생성된다. 다음 향기 중에서 배전도가 가장 높은 단계에서 생성되는 향기는?

① 볶은 곡류 향기(Malt-like)

② 물엿 향기(Syrup-like)

③ 캔디 향기(Candy-like)

④ 초콜릿 향기(Chocolate-like)

43 다음은 커피의 향기의 강도를 나타내는 영어 단어를 한글로 번역한 것이다. 이중에서 잘못 번역된 것은?

① 향기 있는 - flat

② 진한 향기 - rich

③ 부드러운 향기 - rounded

④ 풍부한 향기 - full

44 다음 화합물 중에서 커피의 짠 맛을 나타내는 성분은?

① 캐러멜화된 당류　② 산화칼륨

③ 카페인　　　　　④ 카페인산

45 다음은 커피의 세 가지 기본 맛을 온도에 따라서 다르게 느껴지는 것을 설명한 것이다. 틀리게 설명한 것은?

① 높은 온도에서는 달콤한 맛이 현저하게 느껴진다.

② 짠맛은 온도가 높아지면서 상대적으로 약해진다.

③ 신맛은 온도의 영향을 받지 않는다.

④ 단맛은 온도가 높아지면 상대적으로 약해진다.

46 다음은 커피에 함유되어 있는 지방을 설명한 것이다. 틀리게 설명한 것은?

① 커피의 지방은 커피의 전체적인 향기와 맛을 나타내는 데 미묘하면서도 중요한 역할을 한다.

② 커피 추출액의 표면에 기름 방울이 뜨면 추출액의 표면장력을 감소시켜서 부드럽고 매끄럽게 느끼게 한다.

③ 커피 내의 지방은 커피의 향기와 맛을 오염시키는 외부 변패물질들을 운반해오지 않는다.

④ 지방은 커피의 향기와 맛 성분들을 운반한다.

47 추출한 커피를 가열하면 일어나는 현상을 바르게 설명하지 못한 것은?

① 가열이 계속되면 향기 성분이 더욱 증발되어 김빠진(vapid) 커피가 된다.

② 기체 성분들이 증발하여 고소한 향기(nutty)를 가진 커피가 된다.

③ 가열이 더 계속되면 유기 성분들이 분해되어 시큼한 맛(acerbic)의 커피가 된다.

④ 더 가열하면 짠맛(briny)에서 탄내(tarry) 그리고 불쾌한 금속 맛 등이

커피로 열화된다.

48 커피를 구성하는 지방산 중에서 가장 많이 함유되어 있는 지방산은?

① 올레산　　　② 스테아린산

③ 팔미트산　　　④ 미리스트산

49 다음 카페인에 관한 설명 중 **틀린** 것은?

① 아이스 커피를 만들 때 뜨거운 커피에 얼음을 넣어 냉각시키면 백탁현상이 일어나는데 이것은 저온에서 잘 녹지 않은 카페인과 클로로겐산의 복합체가 응집, 석출하기 때문이다.

② 커피의 백탁현상을 방지하고 카페인과 클로로겐산의 복합체의 응집을 피하기 위하여 얼음에 뜨거운 커피를 넣어 냉각시킨다.

③ 카페인은 낮은 온도에서 잘 녹으며 커피의 쓴맛을 나타낸다.

④ 카페인은 융점이 섭씨 238도이며, 물에 잘 녹는다.

50 다음은 커피에 쓴맛을 부여하는 트리고넬린에 대한 설명이다. **틀린** 내용은?

① 카페인의 약 1/4정도의 쓴맛을 나타낸다.

② 트리고넬린은 N-methyl betaine이라고도 한다.

③ 로스팅 과정 중에 거의 분해되며 커

피에 탄 냄새를 나타낸다.

④ 아라비카종보다 로부스타종의 생두에 더 많이 함유되어 있다.

51 커피 생두에 가장 많이 함유 되어있는 성분은?

① Protein　　　② Carbohydrate

③ Mineral　　　④ Lipid

52 고객에게 커피 제공 시 커피잔의 손잡이 방향이 옳은 것은?

① 12시 방향　　　② 3시 방향

③ 5시 방향　　　④ 9시 방향

53 커피에 Suger, Cream을 넣을 경우 마시기에 적정온도로 알맞은 것은?

① 약 80~85℃　　　② 약 70~75℃

③ 약 60~65℃　　　④ 약 50~55℃

54 고급의 커피를 블랙으로 마실 경우 커피의 맛을 음미할 수 있는 가장 적당한 온도로 알맞은 것은?

① 85℃　　　② 75℃

③ 65℃　　　④ 55℃

55 레귤러 컵의 용량으로 알맞은 것은?

① 180~250cc　　　② 160~180cc

③ 100~150cc　　　④ 80~100cc

56 커피의 맛을 결정하는 요인이 <u>아닌</u> 것은?

① Green Bean의 질

② Roasting

③ Blending

④ Coffee Shop의 위치

57 커피콩 보관방법으로 옳은 것은?

① 밀폐용기에 넣고 차고 어두운 곳에 보관한다.

② 공기와 습기가 있는 곳에 보관한다.

③ 햇볕이 적당히 들어오는 곳에 보관한다.

④ 커피를 한꺼번에 많이 갈아서 냉동 보관한다.

58 음료의 분류 중 커피는 어디에 속하는가?

① 청량음료 　　② 기호음료

③ 영양음료 　　④ 혼성주

59 커피 서비스 방법에 대한 설명 중 <u>틀린</u> 것은?

① 고객에게 커피를 서비스할 때 먼저 미소를 띠고 인사를 한다.

② 고객의 왼쪽에서 제공하고 여성에게 우선 서비스한다.

③ 고객의 오른쪽에서 제공하고 시계방향으로 서비스한다.

④ 커피를 제공할 때 커피가 흘러넘치지 않도록 한다.

60 카푸치노나 카페라떼에 쓰는 스팀 밀크의 온도로 알맞은 것은?

① 약 83~87℃　　② 약 73~77℃

③ 약 63~67℃　　④ 약 53~57℃

모의평가문제 **정답**

🎯 모의평가문제 1

1	④	11	③	21	①	31	①	41	①	51	④
2	③	12	①	22	②	32	③	42	①	52	③
3	④	13	③	23	④	33	①	43	②	53	①
4	①	14	①	24	④	34	①	44	④	54	③
5	③	15	④	25	②	35	①	45	③	55	②
6	④	16	③	26	④	36	①	46	③	56	①
7	④	17	①	27	④	37	①	47	③	57	②
8	③	18	①	28	②	38	①	48	①	58	③
9	①	19	①	29	④	39	④	49	③	59	①
10	③	20	①	30	③	40	①	50	②	60	④

🎯 모의평가문제 2

1	④	11	①	21	①	31	①	41	④	51	③
2	①	12	③	22	④	32	①	42	③	52	②
3	③	13	①	23	②	33	②	43	③	53	④
4	②	14	④	24	①	34	①	44	②	54	④
5	④	15	②	25	④	35	①	45	①	55	②
6	③	16	①	26	③	36	①	46	①	56	③
7	④	17	①	27	①	37	①	47	②	57	①
8	④	18	①	28	②	38	④	48	④	58	④
9	④	19	①	29	②	39	③	49	④	59	④
10	①	20	①	30	③	40	②	50	③	60	②

🔧 모의평가문제 3

1	②	11	③	21	①	31	④	41	①	51	②
2	③	12	④	22	①	32	②	42	④	52	③
3	④	13	③	23	②	33	③	43	①	53	③
4	③	14	②	24	④	34	③	44	②	54	③
5	④	15	③	25	③	35	④	45	①	55	③
6	②	16	②	26	①	36	①	46	③	56	④
7	③	17	①	27	④	37	③	47	②	57	①
8	③	18	③	28	③	38	④	48	③	58	②
9	④	19	①	29	①	39	①	49	③	59	②
10	④	20	④	30	④	40	②	50	④	60	③

■ 저자 소개

정정희

현) 연성대학교 호텔조리과 호텔외식경영전공 조교수
　　대한민국 김치명인
　　직업능력개발훈련교사(음식, 식음료)
　　(사)한국전통식품연구원 이사
　　(사)세계음식문화연구소 이사
　　커피조리사(한국능력개발원) 심사위원

· 경희대학교 일반대학원 조리외식경영학 박사
· 중국 제남대학교 호텔관리학과 석좌교수 역임
· 경희대학교 외래교수 역임
· 요리세상조리학원 원장 역임
· 월드바리스타스쿨 안양캠퍼스 원장 역임
· 세계식음료문화연구소장 역임
· 미국 CIA조리대학 Professional Brunch Menu과정 수료
· 전국산채요리대회 대상(경상북도지사상)
· 전국산채요리대회 우수상(영양군수상)
· NS홈쇼핑요리대회 대상
· 소방청장 표창장 수상
· 세계푸드박람회 여성복지부장관상 수상
· 국제푸드박람회 국회의장상 수상
· 자격증: 조리기능장, 한식조리사, 복어조리사, 중식조리
　기능사, 테이블코디네이터, 마스터바리스타, 유럽바리스
　타, 우리차관리사, 티소믈리에, 서비스평가사 외

권태영

현) 오산대학교 외식사업과 교수
　　CHA(미국호텔협회) 회원
　　한국외식산업학회 임원
　　경기관광/외식연구소 소장
　　전국대학커피교육협의회 회장
　　한/라오스교육문화원 자문위원(커피)

· 경희대학교 대학원 호텔경영학 석사/박사
· (사)경기교육공동체자문위원(커피교육 및 심의) 역임
· (사)한국음료산업연구원 교육평가위원회 부위원장 역임
· (사)한국관광호텔 등급평가심사위원 역임
· (사)한국관광호텔/리조트협회 산학 협력위원 역임
· 카페경영학교재개발 및 커피관련 논문 다수 발표
· 국가커피산업 및 커피산업체 자문위원

허정

현) 연성대학교 호텔외식조리과 호텔외식경영전공 교수
　　대한민국 조리명인
　　(사)한국식공간학회 자문위원
　　(사)세계음식문화연구원 상임이사
　　(사)한국외식경영학회 이사

· 경기대학교 관광전문대학원 식공간연출 전공
· 미국 CIA조리대학 Professional Development 과정 수료
· 그랜드 인터컨티넨탈호텔 조리부 수석차장 역임
· Sydney Intercontinental Hotel 연수
· Hongkong Intercontinental Hotel 연수
· Black Box 요리경진대회 대상
· 싱가포르 국제요리경진대회 국가대표
· 서울특별시장상 수상
· 문화관광부장관 표창장 수상
· 외식경영 관리사
· 서비스 평가사
· 진로지도사 1급
· 조리기능장
· 푸드코디네이터 지도자

김용식

현) 연성대학교 호텔외식조리과 호텔조리전공 교수
　　(사)한국조리학회 부회장
　　한국산업인력관리공단 시험위원(기능사/산업기사/기능장)
　　법무부 급식관리위원
　　노동청 직업능력개발훈련과정 심사위원
　　의왕시 식품산업정책심의회 위원

· 단국대학교 대학원 식품영양학과 석사/박사
· 경희대학교 대학원 조리외식경영학과 외래교수 역임
· 단국대학교 대학원 식품영양학과 외래교수 역임
· (주)롯데호텔 근무
· 서울올림픽조직위원회 급식운영위원 역임
· 서울국제외식산업식품전시회 조직위원회 기획부위원장 역임
· 서울올림픽조직위원장 표창장 수상
· (주)롯데호텔 대표이사 표창장 수상
· 교육과학가술부장관 표창장 수상
· 평생교육유공 경기도지사 표창장 수상
· 식품안전관리유공 경기도지사 표창장 수상

김광우

현) 국제대학교 호텔외식조리과 교수
　　경기대학교, 재능대학교, 경복대학교 외래(겸임)교수
　　(사)한국외식경영학회 상임이사
　　(사)한국전통주학회 이사

· 경기대학교 경상대학 경영학과 학사
· 경기대학교 관광대학원 호텔카지노컨벤션경영학과 석사
· 경기대학교 일반대학원 외식조리관리학과 박사
· Imperial Palace Hotel 식음료부 팀장
· Ritz-Carlton Seoul Hotel 식음료부 매니저
· Grand Hyatt Seoul Hotel 식음료부 근무
· 한국산업인력공단 조주기능사(실기) 자격 감독위원
· 한국외식음료협회 와인소믈리에 자격 심사위원
· 한국외식음료협회 커피바리스타 자격 심사위원
· 한국식음료외식조리교육협회 카페바리스타 자격 심사위원
· 한국평생능력개발원 커피조리사 자격 심사위원
· 한국 국제 음료경연대회 칵테일부문 심사위원
· 한국외식음료개발원 교육분과 위원장
· 한국외식음료개발원 커피바리스타 자격 심사위원
· 한국외식음료개발원 와인소믈리에 자격 심사위원
· 국가직무능력(NCS) 개발전문위원
· 국가직무능력(NCS) 개발심의위원
· 국가직무능력(NCS) 학습모듈개발 집필위원

저자와의
합의하에
인지첩부
생략

Coffee N Coffee

2014년 3월 10일 초 판 1쇄 발행
2022년 7월 30일 개정판 2쇄 발행

지은이 정정희 · 권태영 · 허정 · 김용식 · 김광우
펴낸이 진욱상
펴낸곳 백산출판사
교 정 편집부
본문디자인 강정자
표지디자인 오정은

등 록 1974년 1월 9일 제406-1974-000001호
주 소 경기도 파주시 회동길 370(백산빌딩 3층)
전 화 02-914-1621(代)
팩 스 031-955-9911
이메일 edit@ibaeksan.kr
홈페이지 www.ibaeksan.kr

ISBN 979-11-5763-774-4 93570
값 27,000원

● 파본은 구입하신 서점에서 교환해 드립니다.
● 저작권법에 의해 보호를 받는 저작물이므로 무단전재와 복제를 금합니다.
 이를 위반시 5년 이하의 징역 또는 5천만원 이하의 벌금에 처하거나 이를 병과할 수 있습니다.